编译文库

心理学

郑剑虹 著

国家社会科学基金 2016 年度教育学一般课题：
心理传记学视角下杰出科学人才的成长特点与影响因素研究（BBA160043）成果

中国杰出科学人才的成长
——心理传记与生命故事的视角

Growth of Outstanding Scientific Talents in China
Perspectives on Psychobiography and Life Stories

中央编译出版社
Central Compilation & Translation Press

图书在版编目（CIP）数据

中国杰出科学人才的成长：心理传记与生命故事的视角／郑剑虹著．—北京：中央编译出版社，2023.12
ISBN 978-7-5117-4551-4

Ⅰ.①中… Ⅱ.①郑… Ⅲ.①科学工作者–人才培养–研究–中国 Ⅳ.①G316

中国国家版本馆CIP数据核字（2023）第190747号

中国杰出科学人才的成长：心理传记与生命故事的视角

责任编辑	郑永杰
执行编辑	周雪凝
责任印制	李　颖
出版发行	中央编译出版社
网　　址	www.cctpcm.com
地　　址	北京市海淀区北四环西路69号（100080）
电　　话	（010）55627391（总编室）　（010）55627311（编辑室）
	（010）55627320（发行部）　（010）55627377（新技术部）
经　　销	全国新华书店
印　　刷	北京文昌阁彩色印刷有限公司
开　　本	710毫米×1000毫米　1/16
字　　数	180千字
印　　张	13.25
版　　次	2023年12月第1版
印　　次	2023年12月第1次印刷
定　　价	89.00元

新浪微博：@中央编译出版社　　微　信：中央编译出版社(ID: cctphome)
淘宝店铺：中央编译出版社直销店(http://shop108367160.taobao.com)　（010）55627331

本社常年法律顾问：北京市吴栾赵阎律师事务所律师　闫军　梁勤
凡有印装质量问题，本社负责调换，电话：（010）55627320

本书的研究视角和编写说明

以往有关我国杰出科学人才或科学家群体的研究，从视角和方法来看，大都从客位研究出发，强调量化研究和客观性，较少从研究对象，即主位的角度来思考科学家的成长，这样的研究虽然似乎能够发现科学家成长的某些规律，但少了鲜活性和亲切性。本书从主位与客位相结合的视角，并在方法上将质性研究与量化研究相结合。同时，特别强调科学家的生命故事和心理传记研究，更符合本土文化切合性，不仅能够展现科学家的科学精神和奉献爱国的独特人格魅力，而且能够从科学家个体的生命故事中折射出时代、文化、家庭、教师等各种宏观与微观因素是如何交互作用并影响其成长成才的。本书不同于以往研究之处还在于研究对象的选择上，考虑了选择不同时代与不同层次的科学人才进行比较研究，即选择出生于新旧中国的院士，以及从潜在科学创新人才、"长江学者"特聘教授到院士等不同层次的科学人才进行比较。这样一种连续性的比较研究视角，可能更有助于发现我国杰出科学人才成长的规律和产生某种可解释的理论。

基于上述研究视角与思路，本书在编写上注重科学性和学术性的同时，也强调可读性、故事性和形象性的特点，以期对青少年读者能起到榜样激励作用，以及对科学人才培养提供参考价值，同时，亦能展现我国科学家独特的人格魅力，以及时代精神和国家发展对科学研究和科学家成长的影响。

前　言

　　我对科学家的关注和兴趣，一方面和许多人一样，源于儿时求学期间所学习的中小学课本对科学家故事与形象的介绍和描述，另一方面则与个人的生命经历有关。记得我12岁读小学五年级时在舅舅家看到了林汉达写的《春秋五霸》和《东周列国故事》，因这些读物是写给少儿阅读的，书中有关历史人物的故事很吸引我，也由此对历史产生了浓厚的兴趣，后来父亲又买了林汉达的《上下五千年》给我阅读，我特别喜欢阅读其中杰出人物尤其是科学家的故事。对杰出人物传记的兴趣影响了我的学术研究方向的选择和所致力的事业。1994年我到西南师范大学（现西南大学）进修，在黄希庭教授和张进辅教授的支持和鼓励下，跟随两位先生以近代文化名人梁漱溟为研究对象，于1997年完成了硕士学位论文《梁漱溟人格的心理传记学研究》，由此与心理传记学结缘。在撰写硕士学位的过程中，曾写信请教美国研究创造力的知名心理学家西蒙腾（Simonton, D. K.）教授，获悉其采用历史测量法（Historiometric Method）对科学家的创造性进行研究，因而将此方法应用于自己的硕士学位论文的撰写。2001年我继续追随黄希庭教授攻读人格心理学的博士学位，在撰写博士论文时，采用历史测量法、内容分析法和履历分析法研究了90名中国近现代著名人物，其中30名是我国杰出的自然科学家和社会科学家。

　　基于上述的学科训练背景、研究方法和研究兴趣，以及20多年来我对心理传记学的学习、研究和从事与此相关的工作，深深认识到个人独特的生命故事与其人格、思想观点和行为的密切关系，因此，当2016年在申报国家社会科学基金课题时，我通过梳理文献发现，采用心理传记学的方法对科学家进行研究可能是一个比较好或比较新的视角，自己感觉也可能会有一些不同以往研究的新的发现，此外，这种取向和方法也更契合中国文化特点（本土性）。最终以《心理传记学视角下杰出科学人才的成长特点与影响因素研究》为题申报全国教育科学规划教育学国家一般项目获批立项，本书就是该课题的最终成果。

　　基于从小对历史的兴趣和对中国传统文化的热爱，以及研究生训练期间导师的教诲、熏陶和影响，我在制定课题研究计划和实施课题的过程中，除了思考如何通过研究发现和总结中国杰出科学创新人才成长的特点及其规律外，重点思考能否提出基于本民族文化特点的具有可解释性的理论。在研究的过程中，也确实发现了中国科学家与国外科学家在成长特点与影响因素上的不同之处。例如，地域文化特色以及家庭因素的作用，时代背景与国家政策的影响等。因此，用西方学者提出的优势积累理论无法完全解释中国科学家的成长及其科学创造性。本书所提出的文化激励的概念以及影响我国杰出科学人才成长的五因素轮式模型虽然还比较粗糙，但尚有一定的可解释性。我们的研究发现，爱国和奉献作为我国杰出科学人才两个独特而鲜明的人格特征，在老一辈科学家身上体现得尤为突出；在众多影响我国杰出科学人才成长的因素中，时代环境和家庭是其中最重要的两个因素，我国杰出科学人才选择科学职业更多的是受时代环境与家庭因素的影响，与个人变量如人格、情感和兴趣的关联相对较弱，换言之，我国杰出科学人才选择从事科学职业的动力更多是基于科学价值与科学声望的追求，较少受科学兴趣的影响。上述科学家的人格特征及成长影响因素的背后正体现了我国优秀传统文化的影响。此外，担任行政职务是我国杰出科学人才的特色；杰出人才的出生地具有明显的地域分布特色；寒门能否生贵子主要是社会问题而非家庭经济问题。这些结论或发现也与我国独特的文化有关。由此，本书基于上述的研究结果和结论提出了一些有关我国科学创造性人才的培养和教育建议。

以往有关我国杰出科学人才或科学家群体的研究，从视角和方法来看，大都从客位研究出发，强调量化研究和客观性，较少从研究对象，即主位的角度来思考科学家的成长，这样的研究虽然似乎能够发现科学家成长的某些规律，但少了鲜活性和亲切性。本书从主位和客位相结合的视角，并在方法上将质性研究和量化研究相结合，同时，特别强调科学家的生命故事和心理传记研究，更符合本土文化适切性，不仅能够展现科学家的科学精神和我国科学家奉献爱国的独特人格魅力，而且能够从科学家个体的生命故事中折射出时代、文化、家庭、教育等各种宏观与微观因素是如何交互作用，影响其成长成才的。本书不同于以往研究之处还在于研究对象的选择上，考虑了选择不同时代与不同层次的科学人才进行比较研究，即选择新旧中国出生的院士，以及从潜在科学创新人才、"长江学者"特聘教授到院士等不同层次的科学人才进行比较。这样一种连续性的比较研究视角，可能更有助于发现我国杰出科学人才成长的规律和产生某种可解释的理论。

研究人性和科学创造性是一项复杂的工作，需要采用多种方法从多个角度或取向进行探索，遗憾的是本书在量化研究方面，因主客观的原因，未能进行大规模的问卷调查。此外，在质性研究方面，通过访谈"长江学者"特聘教授和院士来收集更多第一手资料的计划也无法实行。这些都可能会在某种程度上影响研究的结果和结论。因此，书中所提出的概念、观点、论断和建议也存在诸多不完善甚至错误之处，敬祈读者朋友和同道方家教正。

本书的完成，需要特别感谢黄希庭教授、莫雷教授、周晓林教授、李红教授、苏彦捷教授等知名心理学家以及黄钢教授、罗文波教授、张旭东教授、林泳海教授、陶维东教授等领导和朋友在研究过程中所给予的支持、肯定和指导。也要感谢我的学生们在资料收集和整理过程中给予的协助，感谢单位领导和同事的支持，感谢中央编译出版社张远航副社长、周雪凝编辑对本书出版的重视以及提出的宝贵建议。

郑剑虹

2022年7月于广州科慧花园

目录
contents

第一章 绪论 ·· 1
  第一节 背景与意义 ··· 1
  第二节 文献梳理与分析 ··· 5
  第三节 思路与方法 ··· 10

第二章 我国院士群体的成长特点 ······································ 15
  第一节 生于新中国的院士群体的成长特点与影响因素 ················· 15
  第二节 生于20世纪三四十年代的院士的成长特点及影响因素 ·········· 30
  第三节 生于新、旧中国的院士群体的成长特点比较 ··················· 39

第三章 "长江学者"与"挑战杯"竞赛获奖者的成长特点 ················ 45
  第一节 "长江学者"特聘教授群体的成长特点 ······················· 45
  第二节 潜在科学创新人才——"挑战杯"全国竞赛获奖者群体的
         成长特点 ·· 56

第四章 我国院士的科学精神：心理传记学的探索 ······················ 67
  第一节 什么是心理传记学 ··· 67
  第二节 潘菽院士的心理传记学研究 ································· 80
  第三节 袁隆平院士的心理传记学研究 ······························· 100

第五章 "长江学者"与"挑战杯"全国竞赛获奖者的生命故事研究 …… 119
第一节 生命故事访谈法及其分析技术 …………………………… 119
第二节 青年"长江学者"的生命故事研究 …………………… 129
第三节 "挑战杯"全国竞赛获奖者的生命故事研究 …………… 143

第六章 我国杰出科学人才成长特点、影响因素与教育建议 ………… 163
第一节 我国杰出科学人才的成长特点与人格特征 ……………… 163
第二节 影响我国杰出科学人才成长的主要因素分析 …………… 168
第三节 理论思考与结论 …………………………………………… 173
第四节 我国杰出科学人才的教育和培养建议 …………………… 178

参考文献 …………………………………………………………………… 185

附 录 ……………………………………………………………………… 195
附录1 生命故事访谈提纲 ………………………………………… 195
附录2 生命故事访谈逐字稿转录范本 …………………………… 196
附录3 新中国出生院士的人格特征公众观调查问卷 …………… 197
附录4 成就动机量表 ……………………………………………… 198
附录5 积极心理资本问卷 ………………………………………… 200

第一章 绪论

本章将从研究背景与研究意义对杰出科学家研究的文献回顾、研究思路与方法三个方面来阐述本研究的主旨与内容。本研究主要采用心理传记与生命故事的质性研究方法,辅以量化分析技术,选取中国院士和"长江学者"进行研究,同时也选取潜在科学创新人才——"挑战杯"全国大学生课外学术科技作品竞赛获奖者做比较,以便能够为了解杰出科学人才的成长过程和成长规律提供一个连续性的研究视角。

第一节 背景与意义

进入21世纪,国际人才竞争日益加剧,各国为保持本国的竞争力,形成优势领域和前沿成果,纷纷有针对性地实施高端科研人才计划,以吸引各类杰出人才。通过设立高端科研人才计划,为全球优秀的科学家提供具有国际竞争力的优厚待遇和良好科研条件,以此吸引和留住人才,成为各国人才政策中的重要内容。许多国家都根据自身需求,在不同层面上设立高端科研人才计划,吸引不同层次的高端科研人才。例如，澳大利亚研究理事会于2008年设立的澳大利亚荣誉研究员计划，每年吸引15名世界最高水平研究员和领军研究人才在澳大利亚从事研究和教育活动。受资助者5年内可获得最高300万澳元的经费支持。超级科学奖学金计划则为国内外优秀的职业早期研究人员提供每年7.25万澳元的工资和2万澳元的研究经费。2000年，加拿大政府推出了加拿大首席研究员计划，计划到2010年为加拿大吸引和留住2000名优秀的科研人才。加拿大政府又于2008年设立了优秀首席研究员计划，并于2010年为加拿大的大学吸引了19名世界最高水平的研究人员。法国于2008年推出了优秀客座教授计划，分长期年轻客座教授、长期资深客座教授、短期资深客座教授，以吸引不同层次的外国优秀研究人员。长期年轻客座教授面向处于职业生涯前半期、经过数年工作并在国际上获得一定声誉的年轻科研人员提供支持，入选者可获得50万欧元的资助；长期资深客座教授面向处于职业生涯后半期的、国际公认的、有能力组建团队开展前沿研究的高水平资深科研人员提供支持，入选者可获得100万欧元的资助；短期资深客座教授主要是邀请高水平科研人员到法国的科研机构或大学交流一年半到两年，帮助法国科研队伍尽快掌握新兴领域的知识。此外，还有一些国家推出了通过提供高额研究经费和研究职位吸引本国高端人才回归的计划。例如，印度在2008年底，推出了杰出印裔科学家/技术专家计划，目标是通过高额资助吸引印裔领军人才回归印度，增强印度的科学技术竞争力；俄罗斯政府在2009年投入了8亿美元的资金，用来支持海外俄罗斯科学家在俄罗斯从事科学研究，让更多的人才回归俄罗斯；法国国家科研署于2009年启动了博士后回归计划，该计划将对每个入选对象在三年内提供60万—70万欧元的科研资助，从而使他们回归法国并有条件组建一支小型科研队伍开展科研攻关；新加坡在2013年推出了新加坡科学家回归计划，希望通过为那些在海外著名大学、实验室等工作的顶尖的新加坡科学家和工程师提供5年的高额资助，将他们唤回到新加坡工作，从而为新加坡成为全球研发中心推波助澜（乌云其其格，2018）。

党和国家十分重视科技工作和人才工作，颁布了一系列相关文件。2006年2月，《国家中长期科学和技术发展规划纲要（2006—2020年）》公布，党的十八大做出了创新驱动发展战略部署。2015年3月，《中共中央国务院关于深化体制机制改革加快实施创新驱动发展战略的若干意见》发布，同年还发布了《深化科技体制改革实施方案》。2016年5月，中共中央、国务院发布《国家创新驱动发展战略纲要》，该《纲要》提出要建设高水平人才队伍，筑牢创新根基："加快建设科技创新领军人才和高技能人才队伍。围绕重要学科领域和创新方向造就一批世界水平的科学家、科技领军人才、工程师和高水平创新团队，注重培养一线创新人才和青年科技人才，对青年人才开辟特殊支持渠道，支持高校、科研院所、企业面向全球招聘人才。优化人才成长环境，实施更加积极的创新创业人才激励和吸引政策……推动教育创新，改革人才培养模式，把科学精神、创新思维、创造能力和社会责任感的培养贯穿教育全过程。"

党的十九大报告提出："坚定实施科教兴国战略、人才强国战略""培养造就一大批具有国际水平的战略科技人才、科技领军人才、青年科技人才和高水平创新团队。"党的二十大报告进一步指出：加快建设国家战略人才力量，努力培养造就更多大师、战略科学家、一流科技领军人才和创新团队、青年科技人才、卓越工程师、大国工匠、高技能人才。习近平总书记多次强调，要把人才资源开发放在科技创新最优先的位置。2014年6月9日，习近平在中国科学院第十七次院士大会、中国工程院第十二次院士大会上的讲话指出："千秋基业，人才为先，实现中华民族伟大复兴，人才越多越好，本事越大越好……要广泛吸引海外优秀专家学者为我国科技创新事业服务。"2016年4月19日，习近平在网络安全和信息化工作座谈会上的讲话指出："人才是第一资源，古往今来，人才都是富国之本、兴邦大计。我说过，要把我们的事业发展好，就要聚天下英才而用之。要干一番大事业，就要有这种眼界、这种魄力、这种气度……在人才选拔上要有全球视野，下大气力引进高端人才……不管是哪个国家、哪个地区的，只要是优秀人才，都可以为我所用。"

在上述背景下，我国在原有院士制度的基础上，在20世纪末和21世纪初，进一步实施了系列人才计划。包括教育部"长江学者奖励计划"、中国科学院"百人计划"、中央组织部等部委联合推出的引进海外高层次人才的"千人计划"以及与"千人计划"并行的定位于国内高层次人才培养与支持的"万人计划"等。这些国家重大人才工程为培养我国杰出科学人才发挥了巨大作用。

我国杰出科学家是以中国科学院院士和中国工程院院士，以及国家"千人计划""万人计划"和"长江学者奖励计划"入选人员为主体构成的国家高层次人才。新中国成立以来，我国一直非常重视对杰出科学人才的培养和支持。1955年，第一批中国科学院学部委员产生；1993年10月，中华人民共和国国务院第十一次常务会议决定，将中国科学院学部委员改称中国科学院院士。2020年12月中国科学院官网显示，中国科学院院士共有810人，外籍院士105人；已故院士624人，已故外籍院士28人。中国工程院院士于1994年6月设立。2020年12月中国工程院官网显示，中国工程院院士共有900人，包括资深院士438人，另有外籍院士91人；已故院士244人，已故外籍院士19人。

2008年12月，中央决定实施引进海外高层次人才的"千人计划"，围绕国家发展战略目标，用5—10年时间，在国家重点创新项目、重点学科和重点实验室、中央企业和金融机构、以高新技术产业开发区为主的各类园区等，有重点地引进并支持一批海外高层次人才回国（来华）创新创业。引进的海外高层次人才一般应在海外取得博士学位，不超过55岁，引进后每年在京工作不少于6个月，并具备以下条件之一：（1）在国外著名高校、科研院所担任相当于教授职务的专家学者；（2）在国际知名企业和金融机构担任高级职务的专业技术人才和经营管理人才；（3）拥有自主知识产权或掌握核心技术，具有海外自主创业经验，熟悉相关产业领域和国际规则的创业人才；（4）国家急需紧缺的其他高层次创新创业人才。截至2018年,"千人计划"已分14批引进7069名海外高层次人才。

"万人计划"由中央组织部、人力资源和社会保障部等11个部委联合推出,于2012年启动,是与引进海外高层次人才的"千人计划"并行的国家级重大人才工程,定位于国内高层次人才的培养支持,包括杰出人才、领军人才和青年拔尖人才三个层次。这一计划准备用10年左右时间,遴选1万多名高层次人才。第一层次的杰出人才,计划支持100名处于世界科技前沿领域、科学研究有重大发现、具有成长为世界级科学家潜力的人才。第二层次的领军人才,计划支持8000名国家科技发展和产业发展急需紧缺的创新创业人才,包括科技创新领军人才、科技创业领军人才、哲学社会科学领军人才、教学名师和百千万工程领军人才等类别。第三层次的青年拔尖人才,计划支持2000名35周岁以下、具有特别优秀的科学研究和技术创新潜能、科研工作有重要创新前景的青年人才。截至2019年2月,共有5000多人入选国家"万人计划"。

为落实科教兴国战略,延揽海内外中青年学界精英,培养造就高水平学科带头人,带动国家重点建设学科赶超或保持国际先进水平,1998年8月,教育部和香港李嘉诚基金会共同启动实施"长江学者奖励计划"。"长江学者奖励计划"包括特聘教授、讲座教授、青年学者岗位制度和"长江学者"成就奖。截至2018年,共有2199名特聘教授、948名讲座教授、704名青年学者入选。

总之,新世纪以来,对于杰出科学人才的支持和培养已成为世界各国的重要人才政策和国家战略。因此,对杰出科学人才的成长特点及其影响因素进行系统而深入的研究具有重要的现实意义,也具有重要的教育实践意义和理论意义。

第二节　文献梳理与分析

一、国外研究状况

在国外,对杰出科学人才的探究最早可追溯到19世纪70年代高尔顿

(Galton, F.) 对英国科学家的研究,系统化的研究则始于20世纪五六十年代。从研究内容来看,主要包括以下几个方面的探讨:(1) 对科学家为何选择科学职业的预示变量及其机制的研究。这些预示变量包括家庭背景、童年兴趣、学业成绩、智力、人格和情感等。家庭背景涉及父母的职业、教育程度和经济状况,这方面的研究提出了职业世袭的概念,对自然科学家和社会科学家的许多研究发现,他们选择从事科学研究事业与其父母是专业技术人员、高学历和中产阶级背景有关(豪尔吉陶伊,2007)。研究发现,杰出科学人才大都有中上水平的智力,特别是自然科学家在少年时期就表现出极强的抽象思维能力(MacKinnon & Hall, 1973)。许多杰出科学家在童年的时候就表现出对某一学科领域的特别兴趣,以及在中学时代某些学科上的优异成绩,科学家在青少年时就具有不同常人的内驱力,胸怀远大抱负,自信而自尊(Eiduson & Seeger, 1962)。而最近的一项研究则发现,大学院系的结构特征、组织行为和同龄人群体特征对博士生毕业后选择从事科学职业具有影响(Kim, J., Ott, M. & Dippold, L., 2020)。对一个人为何选择科学职业的机制或过程的探讨,从心理学的角度提出了两种理论:需要理论和因素理论。前者强调父母早期的儿童抚养方式,即对儿童需要和兴趣的关注与培养,一旦知道家庭抚养孩子的态度,就可以做出孩子未来职业的预测;后者由心理学家霍兰德(Holland)提出,他将个人分成6种人格类型——现实型、研究型、艺术型、社会型、企业型和常规型,根据不同人格类型的人与不同环境的交互作用的理论假设,来预测个体的职业和行为(艾伯特,1988)。(2) 对杰出科学家成长的影响机制研究。杰出科学人才的成长受到个人因素和社会环境因素(时代精神、重要他人、政治稳定、科技制度与政策)等多种变量的影响,研究发现,其中的认知与人格变量和发展性事件(包括家庭背景、正规教育和导师)与科学成就具有强相关(Simonton, 2012)。这些变量通过什么机制与科学家的成长过程结合起来?科学社会学领域的默顿(Merton)学派进行了大量研究,提出了一种优势积累理论（Merton，1988）。该理论认为，杰出科学人才的成长是个人自我选择、机构的社会选择、奖励制度与资源分配系统的有机结合和相互作用的结果。这种作用导致了科学分层中的马太效应。(3) 不同学科领域科学家的比较研究。这方面的工作包括对人口学和社会学变量的统计比较，以及人格变量、认知特征的比较研究等，研究发现有些变量是任何领域的科学家普遍具有的特征，而一些变量则是依不同学科领域而定。例如，心理学家的人格被描述为不因循守旧、豪放、富于想象。与社会科学家相比，自然科学家表现出对物而非对人或个人关系感兴趣，社会科学家对社会问题具有高度敏感性，他们一般具有城市生活背景而非农村的生活背景等（艾伯特，1988）。从研究对象来看，包括对各领域自然科学家（含诺贝尔奖得主、科学院院士）、社会科学家和行为科学家的研究，更多为自然科学家的研究，人文社会科学家的研究相对少。有些研究也对一些具有科学研究潜力的大学生和研究生进行对照比较研究。从研究方法来看，有历史测量法、比较研究法、问卷调查、访谈法、传记研究以及综合方法研究等。

二、 国内研究状况

国内对杰出科学家的研究比较晚，始于 20 世纪 90 年代的零星研究，进入新世纪，文献多了起来，但总体上研究成果并不多，研究对象多集中于诺贝尔奖得主和科学院院士。从研究内容来看，主要是对这些科学家的人口学变量和社会学变量与科学家成长关系的统计分析。这些变量包括家庭出身、教育经历（刘少雪、庄丽君，2011；刘欣、高策，2018）、籍贯/出生地（刘超等，2004）、师承关系（刘亚俊等，2008）、工作机构（郭奕玲、沈慧君，2000）等。有少数文献分析了这些杰出科学家的人格特征（陈其龙、廖文武，2011），有文献通过考察家庭背景变量和职业生涯变量两方面的内容来了解杰出科学家的创造性及其影响因素（郑剑虹等，2014）。一些研究探讨了杰出科学家成才的阶段及其影响因素，卜晓勇（2007）将科学精英的职业生涯分为学习期、贡献期和指导期，并探讨了人口学变量和社会学变量对杰出科学人才不同发展阶段的影响。一些研究专门分析比较了中外杰出科学家在行政任职方面的状况，中外杰出科学家在行政任职时间、任职规模、任职类型、任职岗位流动及其流动特征等方面均表现出明显的差异（徐祥运、林琳，2014），中科院院士任职种类多、数量大、时间长，而且在当选前后的不同阶段、不同任职类型和人均任职数量上也显著高于诺贝尔奖获得者（王高峰等，2020）。有少数研究对不同科学家群体进行了比较分析，如对诺贝尔奖得主和我国科学家群体的比较研究（徐飞、卜晓勇，2006），科技精英与普通科技人员的比较研究（付连峰，2015）等，以了解中国科技精英成长历程的独特性和不同领域科技精英成长的特点。

从研究对象来看，最近的研究扩展到对国家杰出青年科学基金获得者（以下简称"杰青"）、"长江学者"特聘教授以及论文被引频次高的我国科学家的成长特点研究。一项对2003—2011年的1589名"杰青"的研究发现，"杰青"的平均成长周期（博士毕业到获得"杰青"）为10.96年，父母和教师是影响其成长的最重要的人（田起宏、刘正奎，2012）；还有文献（高阵雨等，2019）从多角度探讨了"杰青"的流动现状（更换单位）；一些文献对不同学科领域和少数民族的"杰青"进行了研究，其中，对信息科学领域的216名"杰青"的研究发现，教育连贯性（本科—硕士—博士连读）和教育经历多元（本科、硕士和博士分读不同院校）平均成才耗时最少和平均每年成才人数最多（赵伟、徐琳，2012）。对"长江学者"的研究刚开始，文献不多。王帆等人（2015）对人文社会科学领域的"长江学者"特聘教授的研究发现，人文社会科学精英与自然科学精英有不同的成才模式，具有成才周期长、分布不均衡、流动较频繁、行政任职和学术兼职普遍等特点。文科"长江学者"特聘教授在事业刚刚开始、激励很明显的时候，投入的努力最多，晋升后绩效则显著下降，整个职业生涯中绩效呈"倒 U 形"分布（王帆，2018）。萧鸣政、唐秀峰（2018）对自 2011 年实施新的"长江学者"奖励计划以来 6 年间所有入选哲学社会科学领域特聘教授的履历信息进行量化分析发现，教育经历、工作经历、科研经历以及兼职经历是其成长的重要影响因素，而获奖项目的影响作用并不显著。

总的来说，国外的研究比较深入而系统，对杰出科学人才成长的影响因素探讨，除了考虑人口学和社会学变量外，更注重个人心理变量和早期经历的作用；研究对象广泛，涉及众多学科领域杰出科学人才的研究；对杰出科学家成长机制的探讨，提出了相应理论。国内的研究比较关注和思考中国文化与中国科学家成长的关系，以及中国科技政策制度的影响，但研究对象较单一，研究方法和统计技术落后，未能提出相应的理论来解释我国杰出科学人才的成长特点。

虽然国内外的研究者已完成了大量有意义的工作，未来的研究还需在以下几个方面进行思考和深入探讨：（1）采用新的研究视角进行探索，特别是心理传记或生命故事视角的研究。国外对科学家的心理传记研究并不多，且都是采用精神分析理论来诠释科学家的生命故事。例如，曼纽尔（Manuel，1990）采用精神分析理论，从牛顿婴幼儿时期经历的创伤以及形成的恋母情结来解释其对科学发现优先权的争夺以及微积分、光学和重力学这三大科学发现的内在原因。亚历山大（Alexander，2005）采用精神分析理论研究了心理学家埃里克森（Erikson）提出认同理论的心理动力和生命故事起源（埃里克森是一个私生子，终生不知父亲是谁，他的一生都在寻求认同）。精神分析的解释虽有其合理的一面，但未来的心理传记或生命故事研究应考虑社会、文化因素的影响，以及将质性诠释与量化分析结合起来，特别是对杰出科学人才的生命故事主题进行编码，以便能将个案研究和群体研究结合起来。（2）在研究方法上，采用新的统计技术进行多变量分析。以往对影响杰出科学家成长的各变量的研究，多以描述性统计为主，如何采用多元统计技术了解各变量之间的关系，以及采用质性研究方法及其分析软件对各种资料进行编码、分类，进而提出理论是未来研究的方向。(3) 对我国杰出科学人才的研究，如何结合我国的特定国情和文化，提出有针对性的教育对策和培养建议是一个需要重点考虑的课题。

因此，本书的研究将选取中国院士、"长江学者"和潜在的科学创新人才（"挑战杯"全国大学生课外学术科技作品竞赛获奖者）进行生命故事以及各特征变量的比较研究，为了解杰出科学人才的成长过程和成长规律提供了一个连续性或连贯性的研究视角。此外，本书采用生命故事或心理传记学的研究视角有助于揭示科学发现、科学理论的提出与科学家生命故事之间的关系，并能够展示个人因素与环境、文化因素在杰出科学人才成长中交互作用的过程，对探索科学人才成长的机制具有重要的理论意义。

第三节 思路与方法

一、基本思路

对国内外相关文献进行系统梳理，把握科学社会学、创造心理学和创造教育学相关理论对杰出科学人才成长的论述，在这基础上形成研究思路和理论假设。考虑学科、性别和地域分布，本书的研究选取近 2000 名"长江学者"特聘教授和几百名院士，收集其基本信息，对部分信息资料相对完整的"长江学者"和院士进行较深入的研究；对个别"长江学者"和院士进行生命故事访谈和心理传记学研究，进一步补充收集资料。此外，选取作为潜在科学创新人才的"挑战杯"全国大学生课外学术科技作品竞赛获奖者，作为对照和比较研究的对象。在方法上，采用质性研究和量化分析相结合。在质性研究方面，从心理传记和生命故事研究的视角切入，对个别"长江学者"和院士的生命故事与其科学发现、科学理论提出之间的关系进行研究。在量化分析方面，对影响科学家成长的个人心理变量、人口学变量和社会学变量，采用历史测量法和内容分析法进行研究，并辅以多元统计技术进行多变量分析，探讨各变量之间的关系。结合两种研究方法的结果和对照比较研究结果，试图提出基于我国文化特点的可解释的理论，以揭示我国杰出科学家成长的特点。并在此基础上提出相应的教育对策和培养建议。

二、 研究方法

本书主要采用心理传记法、生命故事访谈法、历史测量法、内容分析法选取"长江学者"特聘教授、中国两院院士以及潜在科学创新人才——"挑战杯"全国大学生课外学术科技作品竞赛获奖者进行群体研究和个案研究。群体研究采用历史测量法、内容分析法以及多元统计技术进行量化分析；个案研究采用心理传记法和生命故事分析方法进行质性研究。

1. 心理传记法（Psychobiograhpical Method）。从方法学的角度来看，心理学的研究有三种方式或三种水平：探索全人类普遍心理规律的研究（普遍水平研究），探索某一文化之下群体心理规律的研究（群体水平研究）以及探索个体独特性的特殊规律研究（个体水平研究）。心理传记学属于特殊规律研究。从具体的研究方法来看，心理传记可看成一种个案研究。心理传记法是采用心理学的理论来研究非凡人物的生命故事的一门学科或一种方法。本书将选取中国科学院和中国工程院个别院士进行心理传记学研究。

2. 生命故事访谈法（Life Story Interview Method）。这是一种收集研究对象完整生命故事资料的方法（即以"能否谈谈您从小到现在的人生经历，越详细越好"作为主要访谈题目，并结合几个补问题目）。选取个别"长江学者"，在征求其同意的前提下，进行生命故事访谈，结合从其他渠道获得的信息和传记资料，进行生命故事研究。此外，也选取个别"挑战杯"全国竞赛获奖者进行参照比较，对其进行生命故事研究。

心理传记研究和生命故事访谈研究有助于深入探讨科学研究发现与科学家生命故事的关系，以及个人特点与社会环境因素如何交互作用对杰出科学人才的成长产生影响。

3. 历史测量法（Historiometric Method）。这是一种采用统计技术（包括相关分析、方差分析等）对收集的文本资料或历史文献所反映的心理与行为特征进行测量和评估的一种量化分析方法。它主要应用于心理学和管理学等领域的研究。美国心理学家西蒙顿（D. K. Simonton）采用此方法对历史上杰出人物的创造性进行研究，开创了创造性研究的历史测量学学派。采用此方法可对科学家的心理变量、人口学变量和社会学变量进行多变量分析，以探讨各变量对杰出科学家成长的不同影响和预测力。

4. 内容分析法（Content Analysis Method）。这是一种对文献资料进行定量和客观描述的量化方法，即将文本资料转化为定量的数据，这些数据一般以频数或百分数来表示，从而对研究对象做出某些判断和推论。本书主要对科学家和潜在科学创新人才的人口学变量和社会学变量进行内容分析。

本书在方法学上的特点是采用心理传记和生命故事的视角进行研究，心理传记视角可以将个人内部特点和外部社会环境整合，并发现个人特点与外部环境对杰出科学人才成长的交互作用。以往的研究试图将内部个人特点和外部社会环境结合起来进行研究，因离开科学家的生命故事，无法找到很好的视角和切入点，很难发现两者如何交互作用对杰出科学家的成长产生影响。本书认为，杰出科学人才的成长及其科学发现和科学理论的提出与其生命故事有密切的关系。因此，要了解杰出科学家的成长特点就要从科学家个体的生命故事入手进行系统研究。个人的生命故事可以折射其所处的文化和环境的特点以及时代的变化，通过了解杰出科学家的生命故事，不仅可以发现个人特质在科学发现中的作用，也可揭示文化环境因素如何影响科学家的成长。

在研究方法上,以质性研究为主,结合量化分析。质性研究与量化分析相比,有其独特的优势,即相对容易产生某种可解释的理论,特别适合于不同文化背景的研究。我国杰出科学人才的成长具有明显的文化和国情特点,采用心理传记研究和生命故事分析,有可能产生某种可解释我国杰出科学家成长的理论,这是以往研究所忽略的。

此外,从个体的生命故事和比较不同成长阶段的科学人才群体这两个维度出发进行研究,将质性研究和量化分析相结合,更有助于发现杰出科学人才成长的规律和产生某种解释理论。

第二章 我国院士群体的成长特点

本章分别选取出生于新旧中国的院士进行研究,并对两者进行比较分析。生于新中国的院士主要为工程院院士,生于旧中国的院士选择生于20世纪三四十年代的中国科学院院士进行研究。

第一节 生于新中国的院士群体的成长特点与影响因素

一、引言

中国科学院院士作为中国科学界优秀精英的集中代表,对他们的成长成才研究一直是近年来学术界的一个热门领域,而目前对出生在新中国这一新环境下的中科院院士的群体研究甚少。新中国成立后,不同于被侵略、被压迫的旧中国,五六十年代的新中国相对于三四十年代的旧中国,社会环境发生了翻天覆地的变化,人民当家作主,人们建设国家的热情空前高涨，不仅政治稳定，而且经济、教育、科技、文化等各方面都出现了一番新的气象，取得了巨大的发展成就。在这个年代出生的个体与生于旧中国的相比，无疑是一个新的成长环境。而在这个新的成长环境下的创造性杰出科学人才又有怎样的成长特点呢？

基于此，本书以生于新中国的中科院院士为研究对象，采用历史测量法和内容分析法拟研究35位生于新中国的中科院院士，通过探讨该群体的职业生涯发展、家庭背景变量和人格特征变量，了解该群体的成长特点及其影响因素，试图从中发现或总结一些规律性或有启发性的结论。

二、研究方法

（一）研究对象

本书从中国科学院院士中挑选出能够收集到详细资料的35名生于新中国的院士作为研究对象，所选取的院士出生在五十至六十年代之间。

（二）研究变量

对35位生于新中国的中科院院士的传记、访谈录、新闻采访、相关文献以及互联网上的信息进行统计分析，主要分析家庭背景、职业发展历程、人格特征等变量。研究表明，家庭背景与个体的科学创造性有密切的关系（艾伯特，1988），许多科学领域强调职业发展历程等社会背景因素对个人成就的决定作用（Simonton，1992）。通过考察上述变量，以了解生于新中国的中科院院士成长的特点、人格特征及其影响因素。

1. 家庭背景变量

本文将考察以下四种家庭背景变量：

（1）出生地。出生在农村或者城市。

(2）特殊的家庭地位（出生次序）。有如下分类：独生子女、长子、最小的孩子、出生次序居中的孩子。国外的许多研究表明，在出生次序与个体发展结果之间有一些微弱但相一致的联系，作为一个热门课题，出生次序是一个较为重要的家庭变量。但艾伯特（Albert，1988）认为"出生次序"这个术语太含糊，而使用"特殊的家庭地位"。

（3）家庭规模。主要指同辈的兄弟姐妹的人数。3个兄弟姐妹以上为大家庭，3个及以下为小家庭。

（4）家庭出身。指是否出生在工人家庭、农民家庭或知识分子家庭，这也是家庭因素的一个重要指标。

2. 职业发展历程变量

本文将考察35位院士职业发展或学术发展中的下列几项变量：

（1）受教育程度。分为本科、硕士、博士。

（2）毕业院校。完成第一学历的院校类别（211/985院校、非211/985院校、国外），完成最终学历的院校类别（211/985院校、非211/985院校、国外）。

（3）是否有留学经历。

（4）完成正规训练的年龄（指获得博士学位的年龄）。

（5）是否在名师指导下学习或工作。所谓名师的标准，定为在文献中提及知名学者及其他此类字眼，或是否文字描述过某位著名指导者。

（6）工作变动次数。指博士毕业后工作单位的变动情况。

（7）是否在国外一流机构工作过。

（8）时长。指获得最终学历到获得中科院院士称号的时间间隔，在本书中即从博士毕业到当选院士的时间。

3. 人格特征变量

根据郑剑虹等人编制的248个人格形容词表，统计生于新中国的院士传记材料及相关新闻报道中人格特征形容词出现的频数，选取高频的人格形容词，请大学教师、研究生和本科生对这些人格特征形容词与院士的符合程度，根据5点评分法打分（即完全符合、比较符合、基本符合、比较不符合、完全不符合），将平均分在3.5分（理论中值为3.0分）以上的人格词录入SPSS进行因素分析，归纳出生于新中国的院士群体的人格特征。同时，也要求上述教师和学生对选取的高频人格形容词对成长为院士的重要性作判断，采用5点评分法打分（即非常重要、比较重要、一般、比较不重要、完全不重要），将平均分在3.5分（理论中值为3.0分）以上的人格词录入SPSS进行因素分析，以了解哪些人格因素对成长为院士有重要作用。

（三）研究数据及处理

本书采用内容分析法、历史测量法和因素分析法，从院士传记、新闻访谈和报道、互联网及相关数据库，收集院士的家庭背景变量（包括出生地、家庭规模、家庭出身、出生次序）、职业发展历程变量（包括受教育程度、所跟从的导师、是否有留学经历、毕业院校类型、完成正规训练的年龄、是否在国外一流的机构工作过、工作变动次数、时长）和人格形容词在资料中出现的数量和频数等数据，首先对这些数据进行初步的整理分析，然后录入统计软件包（SPSS 22.0），进行描述性统计分析和推断统计分析。

三、结果与分析

（一）描述性统计结果

对35位生于新中国的院士进入大学学习的平均年龄、获得博士学位的平均年龄以及当选院士的平均年龄进行描述性统计，结果见第一章第二节表1。

表1 生于新中国的35位院士进入大学、博士毕业和当选院士的平均年龄统计

项目	最大值	最小值	平均值
进入大学的年龄	24	15	18.88
获博士学位的年龄	38	24	31.23
当选院士的年龄	63	38	48.94

从表1可以看出,生于新中国的院士进入大学的平均年龄和一般人一样,都在18岁左右,但有个别院士15岁进入大学,是少年大学生。他们获得博士学位的平均年龄为31岁,说明有相当一部分院士并非从本科到硕士到博士连续读完。他们当选院士的平均年龄为49岁,最小年龄为38岁。从博士毕业到当选院士的平均时长为17.71年,如果从本科毕业算起到当选院士的平均时长为26.06年。

(二) 家庭背景各变量及其显著性检验的统计结果

1. 出生次序与家庭规模的统计结果

对35位生于新中国的院士的出生次序与家庭规模进行统计,结果见表2。

表2 生于新中国的35位院士的出生次序与家庭规模统计

出生次序	人数	百分比	χ^2	P	家庭规模	人数	百分比	χ^2	P
独生子	2	6%	9.90	0.019	大	22	63%	2.31	0.128
长子	5	14%	—	—	小	13	37%	—	—
居中	11	31%	—	—	—	—	—	—	—
最小的孩子	12	34%	—	—	—	—	—	—	—
不详	5	14%	—	—	—	—	—	—	—

从表2可知,生于新中国出生的院士,近2/3(63%)的家庭为大家庭,即拥有众多的兄弟姐妹(三个及以上),拥有两个及以下的兄弟姐妹的家庭比例相对低,但大小家庭之间不存在显著差异($\chi^2=2.31$,$P=0.128$);从出生次序来看,相对于长子来说,居中和排在最小的比例较高,独生子女占比最低

（只占6%）；对出生次序进行卡方检验，存在显著差异（$\chi^2 = 9.90$，$P = 0.019$），说明在当时，身为独生子女的院士显著少于拥有兄弟姐妹的院士。

2. 家庭出身与出生地的统计结果

对生于新中国的35位院士的出生地与家庭出身进行统计，结果见表3。

表3 生于新中国的35位院士的家庭出身与出生地统计

是否出生在知识分子家庭	人数	百分比	χ^2	P	出生在农村或者城镇	人数	百分比	χ^2	P
是	13	37%	0.81	0.369	农村	22	63%	3.67	0.05
否	18	51%	—	—	城镇	11	31%	—	—
不详	4	11%	—	—	不详	2	6%	—	—

从表3可知，生于新中国的院士，出身于知识分子家庭的相对较少，超过一半（51%）的院士出身于非知识分子家庭，但两者之间不存在显著差异（$\chi^2 = 0.81$，$P = 0.369$）；从出生地来看，近2/3（63%）的院士出生于农村，出生于城镇的院士不到1/3（31%），两者之间存在显著差异（$\chi^2 = 3.67$，$P = 0.05$）。

出生于农村的院士占据多数的现象反映了五六十年代的新中国在教育资源分配上的均衡和平等，即农民的孩子也可以通过自身的努力获得巨大的发展空间，这是那个时代的优势和特色。同时，我们在搜集资料过程中也发现，出生于农村的院士几乎都提到艰苦的成长环境磨炼了他的意志，锻炼了他适应各种环境的能力，塑造了他坚忍不拔的顽强毅力和勤奋的品质。正是在农村生活、学习过，他们身上从小锻炼出来的顽强意志对未来的成长成才无疑是一笔巨大的精神财富。

（三）职业发展各变量及其显著性检验的统计结果

1. 留学经历与导师状况的统计结果

对生于新中国的35位院士是否拥有留学经历以及是否师从著名导师的状

况进行统计，结果见表4。

表4 生于新中国的35位院士的留学经历与导师状况统计

是否有国外留学经历	人数	百分数	χ^2	P	是否师从名师	人数	百分数	χ^2	P
是	30	86%	17.86	0.00	是	25	71%	6.43	0.011
否	5	14%	—	—	否	10	29%	—	—

从表4可知，绝大部分生于新中国的院士都有在国外学习的经历，有无留学经历之间存在显著的差异（$\chi^2=17.86$，$P=0.00$）；71%的院士都师从著名导师，得到这些知名学者的指导和帮助。卡方检验结果表明，有无师从著名导师，这两者之间存在显著差异（$\chi^2=6.43$，$P=0.011$），说明国外的留学背景，特别是师从名师对院士成长具有重要的影响作用。

2. 教育经历的统计结果

教育经历或教育路径是指接受不同教育层次的教育过程，一般学术人才的教育路径为本科—硕士—博士。本科阶段接受高等教育，培养学生基本的科研能力和开发学术兴趣；硕士阶段接受专业化教育，主要培养学生的专业领域基本科研能力，增加专业知识量；博士阶段接受更深层次的专业化教育，主要培养学生的全面的学术科研能力，并产出高质量的学术成果。三个教育阶段层层递进，循序渐进帮助学术人才成长。但有些个体并非连续完成这三个阶段的教育，中间有可能工作一段时间再继续深造，这样在从本科教育到完成博士教育的过程中就存在多种教育经历。

对生于新中国的35位院士的教育经历的连续性情况进行统计，结果见表5。

表 5 生于新中国的 35 位院士的教育经历统计

教育经历	人数	百分比	χ^2	P
本—硕—博	19	54%	18.14	0.00
本—工—硕—博	8	23%	—	—
本—硕—工—博	6	17%	—	—
本—工—硕—工—博	2	6%	—	—

注:"工"代表工作经历。"本—工—硕—博"代表本科毕业后参加工作,然后再连续读完硕士和博士,其他依此类推。

从表 5 可以看出,生于新中国的 35 位院士,100% 都获得了博士学位,其中超过一半(54%)的院士本硕博连读,另外近一半的院士在获得博士学位前,有过工作经历。说明具有更高层次的教育经历或学历是新中国院士成长的基本条件。

3. **在国外一流机构工作的统计结果**

对生于新中国的 35 位院士是否有在国外一流机构工作过的情况进行统计,结果见表 6。

表 6 生于新中国的 35 位院士在国外一流机构工作的统计

是否在国外一流的机构工作过	人数	百分比	χ^2	P
是	16	46%	0.257	0.612
否	19	54%	—	—

从表 6 可知,有近一半的院士有在国外一流机构工作的经历,但也有超过一半的院士在国内的一流机构工作而取得巨大成就。

4. **毕业院校类型的统计结果**

对生于新中国的 35 位院士的第一学历和最终学历的毕业院校类型情况进行统计,结果见表 7。

表 7　生于新中国的 35 位院士的第一学历和最终学历的毕业院校类型统计

第一学历	人数	百分比	χ^2	P	最终学历	人数	百分比	χ^2	P
普通院校	9	26%	8.257	0.004	普通院校	2	6%	13.08	0.001
211/985	26	74%	—	—	211/985	14	40%	—	—
—	—	—	—	—	国外	19	54%	—	—

从表 7 可知，在 35 位中科院院士中，虽有 26 人的第一学历毕业于 985 或 211 院校，占 74%，但也有 9 人毕业于普通院校，占 26%。从最终学历来看，毕业于国外院校的院士占据多数，毕业于 985 或 211 院校的，占 40%，但仍有 2 人毕业于普通院校，占 6%。可以看出，在受教育阶段，优越的科研条件、拥有良好的学习环境氛围、能够接受名师教育熏陶，对培养创新型的高水平人才有重要的意义。此外，也应该看到，仍有一小部分院士的第一学历和最终学历毕业于普通院校，非重点大学在培养人才和促进人才成长中也发挥着一定的作用，可见杰出科学人才的培养不仅需要好的外部环境，个人的努力也是重要的。

5. 工作变动次数的统计结果

对生于新中国的 35 位院士的工作变动情况进行统计，结果见表 8。

表 8　生于新中国的 35 位院士工作变动次数统计

工作变动	人数	比例
0 次	7	20%
1 次	8	23%
2 次	10	29%
3 次及以上	10	29%

从表 8 可知，大部分的院士在职业生涯中都有过工作单位的变动，其中工作变动两次及以上的院士超过一半，占 58%，说明工作的流动性可能会促进成果的产出。大学毕业后，院士往往会经历多次的工作变动，选择自己心仪的工作单位，这些工作单位往往是专业领域顶尖的院校或研究所，设备齐全，薪酬可观，有利于

自己的学术水平更上一层楼,当然也有一些院士选择到国外进修或当访问学者。

(四) 各变量之间的推断统计结果

1. 博士毕业年龄、兄弟姐妹数量与出生年份之间的关系

对生于新中国的35位院士的博士毕业年龄以及兄弟姐妹数量与其出生年份的关系分别进行统计,结果见表9。

表9 博士毕业年龄与兄弟姐妹的数量平均数、标准差、最小值、最大值和中心变量的趋势统计

项目	人数 a	最小值	最大值	平均数	标准差	历史趋势 b	P
博士毕业年龄	35	24	38	31.23	5.65	0.22	0.200
兄弟姐妹数量	34	1	6	3.82	1.31	0.38	0.023
出生年份	35	1953	1969	1959.83	4.68	—	—

注:a 为具备有效数据的人数;b 为各变量与出生年份的皮尔逊 r 相关系数。

从表9可以看出,博士毕业年龄与出生年份之间的相关不显著($r=0.22$,$P=0.2$),兄弟姐妹数量与出生年份的相关显著($r=0.38$,$P=0.023$)。这说明,在35名20世纪五六十年代出生的院士样本中,家庭规模呈扩大的趋势。这与新中国成立后鼓励生育、提倡"人多力量大"的导向有关。

2. 教育经历与时长的关系

对生于新中国的35位院士的教育经历与时长(从博士毕业到当选院士的时间长度)的关系进行一维组间方差统计分析,结果见表10。

表10 教育经历与时长的一维组间方差分析

教育经历	均值(M)	标准差(SD)	标准误(SEM)	F	P
本—硕—博	18.95	5.34	1.22	2.19	0.109
本—工—硕—博	18.38	6.37	2.25	—	—
本—硕—工—博	15.5	2.26	0.92	—	—
本—工—硕—工—博	10.00	5.66	4.00	—	—

从表 10 可知，本硕博连读的院士，其当选院士所花费的时间最长，平均需要 18.95 年。但教育经历与当选院士的时长之间不存在显著差异（F = 2.19，P = 0.109），即本硕博连读还是从本科到博士中间有过工作经历，对成长为院士的时间长度（博士毕业到当选院士的时间长度）没有显著影响。

3. 是否在国外一流机构工作过与时长的关系

对生于新中国的 35 位院士是否在国外一流机构工作过与时长的关系进行一维组间方差统计分析，结果见表 11。

表 11　是否在国外一流机构工作过与时长的一维组间方差分析

在国外一流机构工作过	均值（M）	标准差（SD）	t	P
是	16.2	5.35	-1.427	0.91
否	18.85	5.50	—	—

从表 11 可知，在国外一流机构工作过的院士，其当选院士所花费的时间（16.2 年）要短于未在国外一流机构工作过的院士（18.85 年），但是否在国外一流机构工作过与时长之间的相关不显著（t = -1.427，P = 0.91），即生于新中国的院士是否在国外一流机构工作过的经历对其当选院士所花费的时间长短没有显著影响。

4. 工作变动次数与时长的关系

对生于新中国的 35 位院士的工作变动次数与时长的关系进行相关分析，结果见表 12。

表 12　工作变动次数与成长为院士时长的关系统计

项目	时长（r）	工作变动次数（P）
pearson 相关	-0.237	1
显著性	—	0.17
人数	35	35

从表 12 可以看出，生于新中国的 35 位院士的工作变动次数与其成长为院

士时长存在负相关,即工作变动次数越多,当选院士所花费的时间越短,不过,两者之间的相关未达到显著水平($r = -0.237$,$P = 0.17$)。

(五) 人格特征的因素分析结果

从新中国成立后出生院士的传记资料、新闻报道中统计人格特征形容词出现的频数,获得高频人格形容词21个:勤奋努力、坚持不懈、才华横溢、高创造性、聪慧、坚强、自信、奉献、诚实、有理想、有勇气、爱国、认真严谨、爱岗敬业、谦虚随和、高尚无私、乐观豁达、热情善良、正直坦率、甘于寂寞、责任心强。通过问卷调查343名大学教师和学生(教师63人、研究生127人、本科生153人)对上述21个人格形容词与院士人格的符合程度作判断,以及对成长为院士的重要性作判断,根据5点评分法打分,将平均分在3.5分(理论中值为3.0分)以上的人格词录入SPSS进行因素分析,归纳出新中国成立后出生院士群体的人格特征(结果见表13),并了解哪些人格因素对成长为院士有重要作用(结果见表14)。

表13 新中国成立后出生院士群体人格特征的因素分析结果

项目	因素一	因素二	共同度
诚实	0.833	—	0.726
高尚无私	0.804	—	0.768
谦虚随和	0.795	—	0.693
正直坦率	0.785	—	0.715
爱国	0.776	—	0.653
奉献	0.746	—	0.760
爱岗敬业	0.678	—	0.696
甘于寂寞	0.574	—	0.485
坚持不懈	—	0.880	0.830
勤奋努力	—	0.875	0.813

(续表)

项目	因素一	因素二	共同度
认真严谨	—	0.818	0.781
有理想	—	0.772	0.732
有勇气	—	0.720	0.736
初始特征根值	7.954	1.435	—
贡献率（%）	61.185	11.038	—
累计贡献率（%）	61.185	72.223	—

从表13可以看出，对原有的21个人格形容词的数据，根据以下几条原则进行正交旋转后，有8个人格形容词被删除：（1）各因素的累积方差贡献率大于50%，且每个因素的方差贡献率不小于3%。（2）各因素的初始特征根值大于1。（3）各个因素容易命名（即其所包含的各题项在逻辑上具有内在联系）。（4）每个题项（即每个人格形容词）只在一个因素上有高负荷值（取0.5以上）。（5）每个题项的共同度大于0.3。剩下的13个人格形容词被归纳为两个因素。因素一由8个人格特征形容词组成，主要涉及个体对他人、集体和国家的态度及相应的行为方式，从中国传统文化的角度来看，主要是一种做人的人格；因素二由5个人格特征词构成，主要涉及个体对工作和学习的态度及相应的行为方式，主要是一种做事的人格。

表14 对成长为院士的重要性人格特征的因素分析结果

项目	因素一	因素二	因素三	共同度
高尚无私	0.824	—	—	0.746
奉献	0.815	—	—	0.766
正直坦率	0.797	—	—	0.720
谦虚随和	0.773	—	—	0.676
爱岗敬业	0.726	—	—	0.694
爱国	0.690	—	—	0.609
诚实	0.672	—	—	0.625

(续表)

项目	因素一	因素二	因素三	共同度
勤奋努力	—	0.798	—	0.750
坚持不懈	—	0.787	—	0.781
认真严谨	—	0.775	—	0.750
有理想	—	0.607	—	0.577
坚强	—	0.589	—	0.628
聪慧	—	—	0.769	0.667
高创造性	—	—	0.757	0.680
才华横溢	—	—	0.715	0.642
自信	—	—	0.528	0.375
初始特征根值	7.884	1.762	1.041	—
贡献率（%）	49.276	11.013	6.505	—
累计贡献率（%）	49.276	60.289	66.794	—

从表 14 可以看出，对原有的 21 个人格形容词的数据根据上述原则进行因素分析正交旋转后，删除了 5 个人格形容词，剩下的 16 个人格形容词被归纳为三个因素。因素一和因素二与表 13 的因素一和因素二所包含的人格形容词基本一样，涉及做人的人格和做事的人格这两个方面。因素三包括 4 个人格形容词，主要涉及个体对自己的态度和个体拥有的内在品质，可看作一种才智人格或创造性人格。

总之，大学师生认为新中国成立后出生的院士群体的人格特征和成长为院士所需要具备的人格特征在因素结构上是不一样的：前者是二因素结构，涉及对人和对事两个方面的人格；后者是三因素结构，涉及对人、对事和对己三个方面的人格，比较全面。表 13 与表 14 反映了当今大学师生对新中国成立后出生的院士群体的某些人格特征有不认同之处，即他们认为当今的年轻院士群体缺乏高创造性、才华和自信等这种内在品质，而这些品质对院士的成长来说却非常重要。

四、结论

(1) 35 位生于新中国的院士当选院士的平均年龄为 48.9 岁,他们中 100% 的人获得博士学位,大部分(71%)师从名师;获得博士学位的平均年龄为 31.2 岁,其中,超过一半(54%)的院士在国外获得博士学位。有 54% 的人本硕博连读(从本科连续读到硕士和博士)。他们从获得博士学位到当选院士的平均时长为 17.71 年。近一半的院士(46%)在获得博士学位前有过工作经历。

(2) 35 位新中国出生的院士大部分出生在农村(占 63%),且家庭规模大,拥有 3 个及以上兄弟姐妹的院士比例占 63%,出生次序排在最小的比例最高(34%),独生子女的比例很低,只占 6%。

(3) 在 35 位中科院院士中,第一学历毕业于 985 或 211 院校的占 74%,从最终学历来看,毕业于国外院校的院士占据多数(54%),毕业于 985 或 211 院校的,占 40%。在受教育阶段,拥有良好的学习环境氛围,优越的科研条件,能够接受名师教育熏陶,对培养创新型的高水平人才有重要的意义。

(4) 80% 的院士至少变换过 1 个及以上的单位,工作变动次数与成长为院士的时长(获得博士学位到当选院士的时间)存在负相关,即工作变动次数越多,当选院士的时间越快,但两者相关不显著($r = -0.237$, $P = 0.17$)。

(5) 86% 的生于新中国的院士在国外留学过,其中,有近一半(46%)在国外一流机构工作过。但是否在国外一流机构工作过对当选院士的时长没有显著影响($t = -1.427$, $P = 0.91$)。

(6) 公众对新中国成立后出生的院士的人格的看法可归纳为二因素结构,涉及做人和做事两个方面。

第二节 生于20世纪三四十年代的院士的成长特点及影响因素

一、引言

20世纪三四十年代的中国,屡遭帝国列强蹂躏蚕食,这一时期的中国内忧外患,战火纷飞,经济社会发展极其落后,在这一时代背景下出生的中国院士会有怎样的成长特点呢?本书将聚焦于这一时期出生的院士,对他们的人口学和社会学变量进行统计分析,包括家庭背景、研究成果、教育情况和职业发展历程中的有关变量信息,以了解战乱时代出生并度过童年、青少年的院士的成长特点及其影响因素。

二、研究方法

(一)研究对象

本节从中国工程院院士中挑选出41位出生于20世纪三四十年代,且能够搜集到详细资料的院士作为研究对象,其出生跨度是1930—1949年。

(二)研究变量

本节采用内容分析法和历史测量法,对41位院士的传记、访谈录、新闻报道、互联网和数据库中的信息进行统计,主要统计分析家庭背景、研究成果、教育情况和职业发展变量(含导师、行政职务、工作变动情况、留学经历等)。通过考察上述变量,以了解20世纪三四十年代出生的院士的成长特点和影响因素。

1. 家庭背景变量

本节考察的家庭背景变量有两个：出生地、是否出自知识分子家庭。这两个变量提供了个体成长的最初环境氛围和文化氛围，包括父母的抚养方式、教育方式、家庭环境氛围和所在地域的自然环境、文化环境和历史环境的影响。

2. 研究成果变量

科研成果的类型主要包括发明专利、出版著作和学术论文等。本节考察41位院士发表的学术论文，具体的数据来自各位院士的传记、论文集、互联网和数据库。共收集以下三类数据：

（1）发表第一篇学术论文的年龄，即发表该篇论文的年份减去院士的出生年份，以此作为院士的职业生涯起点。

（2）发表最具有影响力的学术论文的年龄，即发表该篇论文的年份减去院士的出生年份，作为院士成为该领域具有影响力人物的指标。最具有影响力论文的判定标准是论文的被引量。

（3）发表学术论文最多的年龄，即发表学术论文最多的年份减去该院士的出生年份，作为该院士职业生涯高峰的标志。

3. 职业发展变量

本节探讨的职业发展变量包括教育程度，教育经历，本科入学年龄，博士毕业年龄，当选院士的年龄、成长周期或时长（博士毕业到当选院士的时长），是否在名师带领下工作或学习，是否担任行政职务，是否在国外一流机构工作过、留学情况和工作变动情况等。

三、结果与分析

（一）描述性统计结果

对 41 位生于旧中国的院士进入大学学习的平均年龄、获得博士学位的平均年龄以及当选院士的平均年龄进行描述性统计，结果见表1。

表 15　生于旧中国的 41 位院士本科入学、博士毕业和当选院士的平均年龄统计

（单位：岁）

项目	最大值	最小值	平均值
本科入学	30	16	19.56
博士毕业年龄	49	27	35.23
当选院士的年龄	73	54	61.68

从表 15 可以看出，生于旧中国的院士考上本科的最大年龄 30 岁，最小年龄 16 岁，两者差距较大，平均年龄 19.56 岁。博士毕业年龄的最大年龄为 49 岁，最小年龄为 27 岁，博士毕业的平均年龄超过 35 岁。当选院士的最大年龄为 73 岁，最小年龄 54 岁，平均年龄为 61.68 岁。说明生于旧中国的院士无论是本科入学、获得博士学位还是当选院士的平均年龄都偏大。从博士毕业到当选院士的平均时长为 26.45 年。

（二）家庭背景变量及其显著性检验的统计结果

对 41 位生于旧中国的院士的家庭环境变量进行统计，结果见表 16。

表 16　生于旧中国的 41 位院士的家庭环境各变量的统计

出生于农村或城镇	人数	百分比	χ^2	P	是否出生于知识分子家庭	人数	百分比	χ^2	P
农村	13	31.7%	1.5595	$P>0.05$	是	6	14.6%	1.5616	$P>0.05$
城镇	21	51.2%	—	—	否	14	34.1%	—	—
不详	7	17.07%	—	—	不详	21	51.2%	—	—

第二章 我国院士群体的成长特点

由表 16 可知，在 41 位生于旧中国的院士中，生于城镇家庭的院士占 51.2%，生于农村家庭的院士比例是 31.7%。生于城镇家庭的院士多于生于农村家庭的院士，但两者之间的差距未达到显著性水平（$\chi^2 = 1.559$，$P > 0.05$）。但这仍然可以在某种程度上反映出在旧中国，家庭环境基础和家庭经济条件对子女完成高等教育具有一定的影响和制约作用。在家庭出身方面，有超过一半的院士（21 位）受资料上的限制，无法确定其家庭出身。在可确定家庭出身的 20 位院士中，出自农村家庭的院士占少数，为 14.6%。

(三) 职业发展各变量及其显著性检验的统计结果

1. 受教育程度

对 41 位生于旧中国的院士的教育程度进行统计分析，结果见表 17。

表 17　生于旧中国的 41 位院士的教育程度统计

教育程度	人数	百分比	卡方检验
本科	19	46.34%	$P < 0.05$
硕士	9	21.95%	—
博士	13	31.71%	—
总计	41	100%	—

从表 17 可以看出，在 41 位生于旧中国的院士中，只有本科学历的院士占多数，有 19 位，占比 46.34%；获得博士学位的有 13 位，占比 31.7%；硕士学位的有 9 位，占比 21.95%。对 41 位院士教育程度的百分比进行卡方检验，结果表明受教育程度之间存在显著差异（$\chi^2 = 6.08$，当 df = 2 时，$\chi^2_{0.05} = 5.99$，$\chi^2 > \chi^2_{0.05}$）。生于旧中国的院士大部分只有本科学历或获得博士学位的人数不多，反映了战乱时代或社会不稳定对个体受教育层次的影响，也在某种程度上反映了"文革"十年对高等教育的破坏（即他们中的一部分接受本科和研究生教育时正好处于"文革"时期）。

2. 教育经历

对 41 位生于旧中国的院士的教育经历进行统计分析，结果见本章表 1。

表 1　生于旧中国的 41 位院士的教育经历统计

类型	人数	百分比	χ^2	P
本科	17	41.5%	30.28	$P<0.05$
本科—硕士	8	19.5%	—	—
本科—硕士—博士	5	12.2%	—	—
本科—工作—硕士	3	7.3%	—	—
本科—工作—硕士—博士	5	12.2%	—	—
本科—工作—硕士—工作—博士	1	2.4%	—	—
本科—硕士—工作—博士	2	4.9%	—	—

从表 1 可知，41 位生于旧中国的院士的教育经历分为 7 类：Ⅰ类为本科，Ⅱ类为本科—硕士、Ⅲ类为本科—硕士—博士、Ⅳ类为本科—工作—硕士、Ⅴ类为本科—工作—硕士—博士、Ⅵ类为本科—工作—硕士—工作—博士、Ⅶ类为本科—硕士—工作—博士。其中Ⅳ类、Ⅴ类、Ⅵ类和Ⅶ类都带有工作经历，即非连续性的教育经历，可以为院士的成长提供一定的实践教育；Ⅰ类、Ⅱ类和Ⅲ类为连续性的教育经历或教育路径，完成教育训练后才开始工作。

在 41 位生于旧中国的院士中，教育路径中含有工作经历的占 26.8%，没有工作经历的占 73.2%。其中只完成本科教育训练的最多，占比 41.5%，其次是完成本科和硕士连续教育训练的，占比 19.5%。对 41 位院士上述 7 种不同教育经历的百分比进行卡方检验，结果表明不同教育经历之间的百分比差异显著（$\chi^2=30.28$，当 $df=6$ 时，$\chi^2_{0.05}=12.6$，$\chi^2>\chi^2_{0.05}$）。

3. 是否担任行政职务和在国外机构工作过

对 41 位生于旧中国的院士是否担任过行政职务以及是否在国外一流机构工作过的情况进行统计，结果见表 2。

表 2　生于旧中国的 41 位院士担任行政职务和在国外一流机构工作情况统计

担任行政职务	人数	百分比	χ^2	P	国外一流机构工作过	人数	百分比	χ^2	P
是	37	90.2%	26.50	$P<0.05$	是	7	17.07%	17.41	$P<0.05$
否	4	9.8%	—	—	否	34	82.93%	—	—

由表 2 可知，生于旧中国的 41 位院士中，绝大多数（90.2%）都担任过行政职务，如校长、院长等，仅有 4 名院士没有担任行政职务。此外，有少部分（17.07%）的院士曾在国外一流机构工作过。对院士是否担任行政职务的百分比进行卡方检验，结果表明院士是否担任行政职务的百分数差异显著（$\chi^2 = 26.50$，当 $df = 1$ 时，$\chi^2_{0.05} = 3.84$，$\chi^2 > \chi^2_{0.05}$）；对院士是否曾经在国外一流机构工作过的百分比进行卡方检验，结果表明两者的百分比也存在显著差异（$\chi^2 = 17.41$，当 $df = 1$ 时，$\chi^2_{0.05} = 3.84$，$\chi^2 > \chi^2_{0.05}$）。说明这一时期出生的院士担任行政职务的人显著多于未担任行政职务的，没有在国外一流机构工作经历的人显著多于有在国外一流机构工作经历的人，反映了本土的高等教育和国内研究机构对院士的成长也起到重要作用。

4. 留学经历与导师

对 41 位生于旧中国的院士的留学经历以及是否在名师指导下学习的情况进行统计，结果见表 3。

表 3　生于旧中国的 41 位院士的留学经历和导师情况统计

是否师从名师	人数	百分比	χ^2	P	留学经历	人数	百分比	χ^2	P
是	27	65.85%	7.51	$P<0.05$	是	13	31.71%	4.66	$P<0.05$
否	8	19.51%	—	—	否	27	65.85%	—	—
不详	6	14.64%	—	—	不详	1	2.44%	—	—

从表 3 可以看出，有 65.85% 的院士曾在其所在领域的杰出人物的指导和带领下学习或工作过；有 31.7% 的院士曾经到国外留学，接受国外高等教育。

对院士是否在名师指导下工作或学习的情况进行卡方检验,结果表明院士是否在名师指导下学习的百分比差异显著($\chi^2 = 7.51$,当 $df = 1$ 时,$\chi^2_{0.05} = 3.84$,故 $\chi^2 > \chi^2_{0.05}$)。对院士是否有留学经历的百分数进行卡方检验,结果表明差异显著($\chi^2 = 4.66$,当 $df = 1$ 时,$\chi^2_{0.05} = 3.84$,$\chi^2 > \chi^2_{0.05}$),说明著名导师的指导和有留学经历对成长为院士具有显著影响。

生于20世纪三四十年代的院士进入大学学习的时间在新中国的五六十年代,在这个时代,我国和西方的交往受限,有留学经历的院士也相对较少,有留学经历的院士基本上都去苏联学习。

5. 工作变动情况

对41位生于旧中国的院士的工作变动情况进行统计,结果见表4。

表4 生于旧中国的院士的工作变动情况统计

次数	人数	百分比	χ^2	P
0次	10	27.78%	11.13	$P < 0.05$
1次	10	27.78%	—	—
2次	8	22.22%	—	—
3次及以上	8	22.22%	—	—

注:此表只统计能确定工作变动情况的36名院士。

工作变动是指工作单位的变化,包括从国外到国内的工作变动以及在国内中工作单位的变换。如表4所示,在36位旧中国出生的院士中,10名院士没有经历过工作单位的变动,即完成教育训练后一直在某个大学或某个研究所工作,占27.78%;有1次及以上工作变动的院士占绝大多数,比例为72.22%。其中,工作变动次数在3次及以上的院士有8名,占22.22%。对院士工作变动次数的百分比进行卡方检验,结果表明差异显著($\chi^2 = 11.13$,当 $df = 3$ 时,$\chi^2_{0.05} = 7.81$,$\chi^2 > \chi^2_{0.05}$)。

(四) 各变量之间的推断统计结果

1. 教育程度与考上本科的年龄、当选院士的年龄、当选院士时长的关系

对41位生于旧中国院士的教育程度与考上本科的年龄、当选院士的年龄以及当选院士所花费时长之间的关系进行统计，结果见表5。

表5 院士的教育程度、考上本科的年龄、当选院士的年龄和时长的积差相关分析

项目	教育程度	考上本科的年龄	当选院士的年龄	时长
教育程度	1	0.161	-0.354*	-0.354*
考上本科年龄	0.161	1	-0.173	-0.589**
当选院士年龄	-0.354*	-0.173	1	0.889**
时长	-0.354*	-0.589**	0.889**	1

从表5可以发现，教育程度与当选院士的年龄、时长有显著的负相关，相关系数都是-0.354，在0.05水平上显著，说明受教育程度越高，当选院士的年龄越小，当选院士所花费的时间也越短。此外，当选院士的年龄与时长的相关为较高的正相关，相关系数是0.889，在0.01水平上显著，说明当选院士的年龄越年少，当选院士所花费的时长越短。由此可知，教育程度对成长为院士有重要的影响。

2. 研究成果各变量之间的统计结果

对41位生于旧中国的院士的研究成果发表的年龄与其出生的年份做一个发展趋势的统计分析，结果见表6。

表6 研究成果各变量的平均数、标准差、最大值、最小值和中心变量的趋势

项目	人数[a]	最小值	最大值	平均数	标准差	历史趋势[b]
A	37	28	59	40.30	7.78	-0.364*
B	37	51	75	62.00	6.85	-0.192
C	37	51	82	63.97	8.51	-0.322

（续表）

项目	人数[a]	最小值	最大值	平均数	标准差	历史趋势[b]
D	13	27	51	37.08	8.12	0.199
年龄	41	69	88	79.39	6.54	—
出生年份	41	1930	1949	1938.61	6.54	—

注：a 为具备有效数据的人数，b 是各变量与出生年份的积差相关系数。A 是发表第一篇学术论文的年龄，B 是发表最具有影响力的中文学术论文的年龄，C 是发表学术论文最多那年的年龄，D 是博士毕业的年龄。*$P<0.05$，**$P<0.01$。

从表6可以看出，生于旧中国的院士发表第一篇学术论文的平均年龄在40岁；发表最具影响力的学术论文的平均年龄是62岁，即科学创造力的高峰在62岁左右；发表论文最多的平均年龄为64岁左右。说明生于旧中国的院士发表科学成果的年龄以及出现创造力高峰的年龄都偏大，这可能与他们生于战乱时代，大部分人出成果时又受到"文革"十年动乱的影响有密切关系。此外，这种影响我们也可从各变量与其出生年份的积差相关看出，即"发表第一篇学术论文的年龄"与"出生年份"的相关系数为 -0.364^*，在0.05水平上显著相关，即出生年份越早，发表第一篇学术论文的年龄越大。虽然发表最具影响力论文的年龄和发表最多篇论文的年龄这两个变量与出生年份之间的相关均不显著，但相关系数都接近或超过0.2（相关系数的显著性受样本量大小的影响）。

四、结论

（1）41位生于旧中国的院士当选院士的平均年龄为61.68岁，他们中46.34%为本科学历，获得博士学位的比例只占31.71%，26.8%的院士在获得最高学位前有过工作经历。他们大部分（65.85%）师从名师；获得博士学位的平均年龄为35.2岁。他们从获得博士学位到当选院士的平均时长为26.45年。

（2）在41位生于旧中国的院士中，有超过一半的人出生在城镇（占

51.2%），超过九成的院士（90.2%）担任过行政职务。

（3）在生于旧中国的院士中只有 31.71% 的在国外留学过，其中，17.07% 在国外一流机构工作过。反映了本土的高等教育和国内研究机构对院士的成长也起了重要作用。

（4）在 41 名生于旧中国的院士中，72.22% 的院士至少有 1 次及以上工作变动，其中，工作变动次数在 3 次及以上的院士占 22.22%。

（5）教育程度与当选院士的年龄、时长有显著的负相关（$r = -0.354$，$P < 0.05$），当选院士的年龄与当选院士的时长存在显著正相关（$r = -0.889$，$P < 0.01$），受教育程度越高，当选为院士的年龄越小，当选院士所花费的时间也越短，教育程度对成长为院士有重要的影响。

（6）生于旧中国的院士发表第一篇学术论文的平均年龄在 40 岁；发表最具影响力的学术论文的平均年龄是 62 岁，发表最多篇论文的平均年龄为 64 岁左右。旧中国出生的院士发表科学成果的年龄以及出现创造力高峰的年龄都偏大。

第三节　生于新、旧中国的院士群体的成长特点比较

第二次世界大战结束后，世界分裂为两大敌对阵营：以美国为首的西方资本主义阵营和以苏联为首的社会主义阵营。中华人民共和国成立后，中国走上了社会主义道路，受到了以美国为首的西方阵营的封锁和抵制，中国成为以苏联为首的社会主义阵营的一员。20 世纪三四十年代出生的中国科学院院士，他们的童年或青少年在战乱的旧中国度过，而中华人民共和国成立之后，正好是他们进入大学接受高等教育的年龄。新中国的高等教育深受苏联的影响，20 世纪 50—70 年代，新中国没有实行学位制度，有少部分院士在苏联获得硕士

或博士学位。中华人民共和国成立后，生于五六十年代的院士，他们的童年没有面临战争的威胁，国家建设蒸蒸日上，人民精神面貌昂扬向上，虽然他们都经历了十年"文革"，但在改革开放后，他们都有机会走出国门，接受西方高等教育。因此，这两个时代出生的院士必定有其不同的成长特点，当然也会存在共同的特征，下面我们根据前面的研究结果对两者的成长特点进行比较分析。

一、生于新、旧中国的院士群体的共同成长特点

（一）就读名校，师从名师

从前面的研究结果可以看出，无论是生于新中国五六十年代的院士还是生于旧中国三四十年代的院士，他们在高等教育阶段大部分都就读名校，包括国内的985院校和国外的一些知名大学，而且大都在著名科学家，有的还是在世界级科学大师的指导下完成高等教育和学位论文。这是因为名校能够提供良好的学习环境和科研条件，名师在科研方向的确立、对前沿科学问题的意识和把握、科研方法的掌握以及学术交流和科研品质等方面能够提供良好的指导、熏陶、训练，并创设条件和机会，因此，就读名校和师从名师是成长为院士的重要条件或重要影响因素。

（二）工作单位变动大

前面的研究发现，生于新、旧中国的院士，完成高等教育后，一直在一个单位工作的只占少数，超过七成的人都经历了一次及以上工作单位的变动，甚至有超过两成的院士经历了三次及以上的工作单位的变动。这种变动基本上朝着条件更好、更知名的高校和科研院所流动，因此，适当且向上的工作流动可能有助于院士的成长，但也可能反映了我国不同的高校和科研院所在研究条件和研究氛围上存在较大的差距。

(三) 家庭规模大,家庭氛围好

生于20世纪三十至六十年代的院士都存在兄弟姐妹多的共同特点,即他们中的绝大部分人都在大家庭中长大。虽然他们的出生次序和家庭出身有所差异,有的是家中长子,有的出生次序居中,有的是最小,有的出自名门望族、学术之家,有的出自寒门,历经艰苦磨难,但他们的家庭和谐,父母十分重视子女的教育问题。如辛世文院士,小时候家境十分贫寒,日子过得很清苦,常常忍着饥饿上学,但是父母从未放弃对子女的文化教育,咬着牙供孩子读书成才。

(四) 担任过行政职务

生于新、旧中国的院士,绝大多数都担任过行政职务,比例相当高,有的还担任十分重要或高层次岗位的领导职务,这是中国院士的一个特点,在某种程度上反映了我国对院士的重视和尊重。

(五) 大多出自贫寒家庭

生于三四十年代旧中国的院士和生于五六十年代新中国的院士,出自知识分子家庭的比例都不高,前者占比14.6%,后者占比37%。总体来看,无论是生于新中国的院士,还是生于旧中国的院士大部分出自贫寒家庭或非富裕家庭,特别是生于新中国的院士出身于农村家庭的比例更高。生于五六十年代的院士,因新中国实行阶级平等、教育公平以及教育基本免费的政策,贫寒家庭出身的院士都能够接受教育,并通过自身的努力考上大学,完成大学教育,改革开放后,国家往往以公费留学的方式资助他们到国外进修和攻读博士学位。这是与国外的研究结果的不同之处。国外的杰出科学家大都出身于经济社会地位比较高的家庭。

二、生于新、旧中国院士群体的成长差异

(一) 当选院士的平均年龄和平均时长不同

我们前面的研究结果表明，生于20世纪三四十年代旧中国的院士无论当选院士的平均年龄，还是从博士毕业到当选院士的平均时长，都长于生于五六十年代新中国的院士。前者当选院士的平均年龄和平均时长分别为61.68岁和26.45年，后者当选院士的平均年龄和平均时长分别为48.9岁和17.71年。生于三四十年代旧中国的院士接受高等教育的时间在中华人民共和国成立后的五六十年代，由于时代环境的因素，他们中的绝大部分都在国内接受高等教育，当时的中华人民共和国成立不久，又受到西方的封锁，高等教育水平不高，科研条件有限，对他们的科研产出和科研创造力产生了一定的影响。生于三四十年代的院士发表第一篇学术论文的平均年龄在40岁；发表最具影响力的学术论文和论文发表数量最多的平均年龄分别是62岁和64岁，发表科学成果的年龄以及出现创造力高峰的年龄都偏大。因此，他们当选为院士的平均年龄相对比较大，当选院士所花费的时间也相对比较长。

(二) 获得博士学位的比例悬殊

我们研究的35位生于五六十年代新中国的院士100%都获得博士学位，而所研究的41位生于三四十年代旧中国的院士获得博士学位的比例只有31.71%，两者比例悬殊。这是因为生于新中国的院士在年轻的时候，正逢国家实行改革开放政策，国门打开，提倡向西方学习先进科学和技术，所以，他们都有机会并受鼓励和支持到西方发达国家攻读博士学位。此外，在70年代末期开始的改革开放，国家也同时恢复了学位制度。因此，无论是在国内还是国外，生于五六十年代的这一批院士都有很大的机会去读研究生，获得博士学

位，而生于三四十年代的院士，受国际背景和国内学位制度政策的影响，很多人无法读博士研究生，只有少部分人有机会出国到苏联学习深造，获得博士学位。

(三) 有无留学经历和在国外一流机构工作经历的比例不同

我们的研究结果表明，生于五六十年代新中国的院士曾到国外留学和在国外一流机构工作的比例远高于生于三四十年代旧中国的院士。前者有留学经历的比例高达86%，后者这一比例仅为31.7%；前者在国外一流机构工作的比例为46%，后者这一比例仅为17%。这与我们国家70年代末开始实行改革开放政策，支持和鼓励年轻学者到国外留学，向西方发达国家学习先进文化和科学技术密切相关。生于五六十年代的院士有机会在改革开放后去西方国家留学，攻读博士学位，有些获得博士学位后继续在西方发达国家的一流学术机构和高校工作一段时间，然后回国报效国家。

(四) 出身于农村和城镇的比例不同

我们的研究结果表明，生于五六十年代新中国的院士大部分出生于农村，这一比例接近2/3（占比63%），而生于三四十年代旧中国的院士超过一半的比例（占比51%）出身于城镇家庭。这一方面反映了新中国成立后提倡教育公平以及阶级平等的政策，使得农民的孩子都有机会接受高等教育，而中国的人口绝大部分在农村，因此，出身于农民家庭的院士的比例也相对较高；另一方面反映了在旧中国相对于城镇家庭，出身农村家庭的孩子接受教育机会更少，难度更大，出身于城镇家庭的孩子经济实力相对于农村家庭要好，他们接受教育的机会的可能性相对高一些。因此，生于旧中国的院士出身于城镇家庭的比例相对于农村家庭要高。

第三章 "长江学者"与"挑战杯"竞赛获奖者的成长特点

本章主要采用历史测量法与内容分析法等量化分析技术对我国近 2000 名"长江学者"特聘教授以及近 1000 名获得"挑战杯"全国大学生课外学术科技作品竞赛特等奖和一等奖的人的相关信息进行梳理和分析,以了解其成长特点和影响因素。

第一节 "长江学者"特聘教授群体的成长特点

一、引言与文献回顾

国家竞争的核心是人才的竞争,我国为培养高端人才启动了一系列计划,1998 年启动的"长江学者奖励计划"是落实科教兴国战略、加速高校创造性人才建设的一项重要举措。"长江学者奖励计划"实施 20 多年,成效显著。最近几年,一些人开始对"长江学者"进行实证研究,试图从中总结出该群体的成长规律，为更好地培养拔尖创新人才提供依据。姜璐等人（2018）采用履历分析法对 229 名青年"长江学者"群体进行计量分析，研究表明，教育阶段形成连贯的长周期培养模式，且硕博贯通为关键成长路径；校际流动、留学背景和博士后经历明显缩短成才时间。李峰等人（2016）以 1322 名"长江学者"特聘教授为对象，分析了多样化教育背景因素对学者成才时间的影响。研究发现，高等教育背景的多样性对学者整体成才速率的影响并不显著，但存在较大学科差异。黄海刚等人（2018）根据 1999—2014 年"长江学者"特聘教授的数据，分析高端人才在区域和组织间的流动路径和结构性失衡问题，研究认为，我国高端人才不存在过度流动问题，但流动方向的线性模式而非环流模式是造成人才无序流动的主要原因。宋晓欣等人（2018）以 22 位教育学"长江学者"为例，对教育学科高层次人才成长规律进行探究，发现研究生阶段就读知名高校、获得名师指导对人才成长起着重要作用；将理论学习与工作实践相结合更利于教育学科人才的成长。王帆等人（2015）以 2004—2014 年 268 名人文社会科学领域的"长江学者"特聘教授为研究对象，考察了人文社会科学领军人才成长的基本特征。研究认为，人文社会科学领军人才具有成才周期长、领先于同侪、分布不均衡、流动较频繁、行政任职和学术兼职普遍等特征。王帆（2018）还研究了文科"长江学者"特聘教授晋升与学术绩效之间的关系，研究发现"长江学者"特聘教授在事业刚刚开始、激励很明显的时候，投入的努力最多，晋升后绩效则显著下降。杨得前等人（2018）以 1999—2016 年 1971 名"长江学者"特聘教授为研究对象分析其分布及成长路径，研究表明，"长江学者"在学科分布上存在集中趋势；不同学科"长江学者"在年龄上存在较大差异。进一步实证分析发现，拥有国际化教育背景、本硕博直读型培养方式、分学科分类别交叉型教育模式有利于加速拔尖人才的形成。萧鸣政、唐秀锋（2018）对 2011—2016 年入选社会科学领域的 146 位"长江学者"特聘教授的履历信息进行量化分析，研究结果表明，教育经历、工作经历、科研经历以及兼职经历是其成长的重要影响因素，而获奖项目的影响作用并不显著。

上述研究获得了许多有意义的发现，一些研究成果对科学创新人才的培养很有启发性，但对一些重要变量，诸如工作流动性、地域文化、高校类型对科学创造性人才培养的影响没有涉猎、着墨不多或讨论分析不够深入，一些研究结果不一，特别是没有提出基于中国文化和国情的概念或可解释的理论。本章以1998—2015年入选"长江学者奖励计划"特聘教授的1957人为样本，通过对相关数据的统计分析，着重对上述几个方面存在的问题给予探讨，以进一步了解"长江学者"特聘教授的成长特点及其影响因素，为高端学术人才的培养提供实证依据。

二、研究对象与方法

（一）研究对象及其数据来源

本章研究对象为1998—2015年教育部公布的"长江学者"特聘教授共1957人，通过各大门户网站、数据库、传记书籍、新闻报道、搜索引擎以及其他途径收集其资料信息，并对其中存在矛盾或有问题的数据信息进行比对和确认。收集的信息包括"长江学者"特聘教授的基本情况、工作经历、成长成才的影响因素等。

（二）研究方法与变量设计

本章采用内容分析法和履历分析法，对"长江学者"特聘教授的资料信息进行变量化处理，这些变量包括性别、担任行政职务、工作变动、教育程度、留学状况、毕业院校、学科专业、出生地分布、专业训练背景、成才时长（即获得最高学位到获得"长江学者"特聘教授称号的时间间隔）等，可将其归为三类变量：基本变量（性别、出生地）、教育变量（毕业院校、专业、教育程度或学历、留学状况）和工作变量（行政职务、工作流动性、研究领域、成才时长），并将这些变量信息录入 SPSS 22.0 进行统计分析。对上述各变量信息进行统计分析时所采用的统计人数，将根据该变量信息的可获得性和可确证性而有所变化。

三、结果与分析

（一）基本变量分析

1. 性别

从性别分布来看，"长江学者"特聘教授中男性 1835 名，占比 94%；女性仅 122 名，占比 6%。男女比例严重失衡。据统计，2015 年我国高校女教师占比为 48.62%，男女教师比例比较接近。2013 年，正高职称的女性高校教师比例仅占 28.92%。"长江学者"特聘教授绝大部分来自高校，是高校教授群体中的拔尖人才。这反映了在我国高校中，越是高层次人才，女性比例越低。女性学术成长受限一方面可能与女性要将大部分时间和精力花在照顾家庭和孩子身上有关，也可能与中国传统文化和社会刻板印象有关。

2. 出生地分布

我们对 848 名具有大陆有效出生地信息的"长江学者"特聘教授进行了统计（见图 1），以探讨地域文化或文化传统对拔尖人才成长的影响。从图 1 可以看出，"长江学者"特聘教授的出生地分布在大陆地区的 29 个省、自治区、市。其中，出生地为江苏和浙江的"长江学者"最多，两个省份比例合占 22.8%。江浙地区自古以来文教昌盛，文化世家密集，南宋以来，江浙人一直是科场主角，明清时期更为突出，据统计，明清两代状元共 203 名，其中，江苏、浙江共有 105 名，占全国状元总数的 51.7%。近代江浙学人群体更是群星璀璨，人才辈出，无论是在自然科学领域还是人文社会科学领域，同样充当了开拓者、领头雁的角色，引领着近代中国的文化学术转型（刘云波，2017）。这和江浙地区自古博学崇文、开放进取、批判质疑的地域文化风气密不可分。

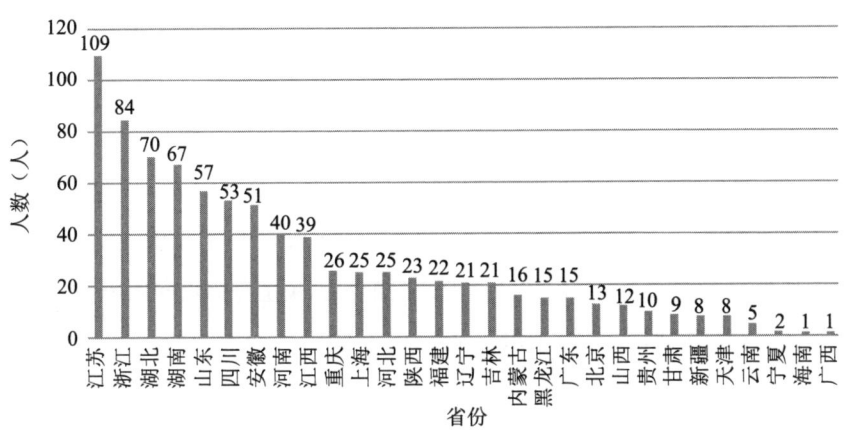

图1 "长江学者"特聘教授出生省份分布情况

（二）教育变量分析

1. 毕业院校

（1）第一学历毕业院校分布

在1490名可获取第一学历信息的"长江学者"特聘教授中，1087人毕业于211或985高校（其中，985高校846人），占73%。394人毕业于一般高校，占26.4%。另外有7人在国外获得第一学历，2人由国内与国外高校联合培养。超过七成的"长江学者"特聘教授第一学历毕业于985或211高等院校，说明拥有雄厚的师资队伍、成熟先进的教育方法、完善先进的教学设施的重点高校，可为学生创立一个优越的学习环境和学习条件，极大地促进了学生的成长成才。不过，也有超过1/4的"长江学者"的第一学历毕业于非211高校，说明非重点高校对杰出人才的培养也起着不可替代的作用。这说明杰出人才的培养不仅要考虑学习环境,还要关注个体自身的努力。

(2) 最高学位毕业院校分布

在1776名可获得最高学位信息的"长江学者"特聘教授中,1024人毕业于211或985高校(其中,985高校833人),占57.7%;243人在一般高校获得最高学位,占13.7%;472名在国外获得最高学位,占26.6%;另外,还有37人(占2%)由国内外机构联合培养。

结合上述的第一学历和最高学位来看,我国"长江学者"特聘教授的第一学历几乎都在国内高校获得,在求学的最后阶段(基本是博士阶段),则有相当大比例(超过1/4)的人将目光投向国外,通过接受西方国家发达的高等教育,来有效地扩展自身的学术视野和创新能力。同时,一般高校在对"长江学者"最高学位培养中的作用也有显著的降低。不过,我国高校仍然是培养"长江学者"特聘教授等高层次人才的主要力量,这是和新中国成立前杰出人才绝大多数毕业于国外高校的最大不同之处。

2. 教育程度

对能获得准确的教育程度信息的1915名"长江学者"特聘教授从本科至博士阶段的教育状况进行统计,结果见表1。

表1 "长江学者"特聘教授教育程度统计

教育程度	学士(本科)	硕士	博士
频次	3	22	1890
百分比	0.15%	1.15%	98.7%

从表1可以看出,"长江学者"特聘教授基本上都拥有博士学位,最高学位为学士和硕士的比例很低,两者合占1.3%。说明获得最高学位是杰出学术人才成长的重要条件,两者之间存在密切的关系。

3. 留学状况统计

我们将在国外获得文凭,或者在职业生涯期间有去国外做访问学者的,界定为有留学经历；而把既没有在国外获得文凭，也没有去国外访学的，界定为无留学经历。根据上述界定，我们对能收集到准确信息的 1748 名"长江学者"的留学状况进行统计，结果表明，有留学经历的"长江学者"特聘教授 1106 人，占总数的 63.3%；没有留学经历的 642 人，占总数的 36.7%，说明大多数"长江学者"特聘教授都有留学经历。留学经历在学术高端人才的成长中起着重要作用，它有助于研究方向和学术思想的确立、学术人脉的建立、新的学术领域的拓展以及对世界学术前沿的了解、追踪和突破，同时，在某种程度上也反映了改革开放对我国杰出学术人才成长的影响。

4. 学科训练背景状况

这里所统计的学科训练背景分为单一学科训练背景和多学科训练背景。单一学科训练背景是指从学士、硕士、博士阶段所接受的学科训练都在同一个一级学科内完成；多学科训练背景是指从学士、硕士、博士阶段在两个及以上一级学科领域学习。根据上述界定，在可获得准确信息的 1518 名"长江学者"特聘教授中，有 1209 人属于单一学科训练背景，占 79.6%；309 人有多学科训练背景，占 20.4%。大多数"长江学者"特聘教授从学士、硕士到博士阶段接受单一学科训练，这可能与我们的研究生选拔制度有关，即主要采用笔试成绩的录取方式，对于进一步攻读同一学科的硕士和博士学位的成功率会比跨学科攻读更高一些，此外，有研究发现，本、硕、博毕业于同一机构的"长江学者"在科研训练阶段平均花费时间最短（姜璐、董维春、刘晓光，2018）。在同一机构完成所有阶段的训练大都属于同一学科专业的训练，导师也比较熟悉。

5. 教育变量之间的交互作用分析

根据上述研究结果，选取教育变量中的教育程度和留学两个变量，采用方差分析，以探讨这两个变量对"长江学者"成才时长的影响，结果见表 2。

表 2　不同教育程度、留学状况与成才时长的关系分析

项目	F 值	P 值
教育程度	3.98	0.063
留学	8.60	0.003
教育程度×留学	3.92	0.001

从表2可知，教育程度主效应不显著（$F=3.98$，$P=0.063$），留学主效应显著（$F=8.60$，$P=0.003$），教育程度与留学的交互作用显著（$F=3.92$，$P=0.001$）。对交互作用进行简单效应分析发现，在获得本科学历的情况下，出国留学的"长江学者"的成才时长显著短于未留学的（$MD=29.000$，$P=0.002$）；在获得硕士和博士学位的情况下，出国留学的"长江学者"的成才时长与未留学的相比均不存在显著差异（$MD=3.095$，$P=0.633$；$MD=-0.590$，$P=0.136$），说明留学经历对"长江学者"的成才时长有显著的影响，这种影响主要表现在本科毕业后去国外留学上，本科毕业后留学会显著缩短"长江学者"的成才时间。这可能与我国的研究生学制有关，国内的硕士学制长，本科毕业到获得博士学位要六七年时间，而在国外，由于硕士学制短，本科毕业到获得博士学位的时长最快可缩短到四五年。

（三）工作变量分析

1. 担任行政职务状况

在1957名"长江学者"特聘教授中，有担任行政职务者1286位，占65.7%；没有担任过行政职务者497位，占25.4%。多数"长江学者"特聘教授担任过校长、院长、所长等行政职务，仅少部分"长江学者"长期不担任行政职务。有些是在担任行政职务时荣获"长江学者"称号，也有些是在获得"长江学者"称号后担任行政职务。在我国，担任行政职务与获得学术荣誉或学术成果产出的关系比较复杂，有研究发现，担任行政职务对"长江

学者"的成长成才影响不显著（萧鸣政、唐秀锋，2018）。

2. 工作变动情况分析

工作单位的变动，包括博士后出站到不同的大学或科研机构工作、从国外到国内的工作变动等，统计结果见表3。

表3 "长江学者"特聘教授工作变动情况

工作变动	人数	比例
0 次	379	19.4%
1 次	263	13.4%
2 次及以上	1071	54.7%
不详	244	12.5%

从表3可知，在1957名"长江学者"特聘教授中，379名学者没有经历过工作单位变动，博士毕业后一直在一所高校或科研机构工作，占19.4%，有过一次及以上工作变动者合计占68.1%，其中，超过一半以上（54.7%）的人有2次及以上工作变动，说明"长江学者"特聘教授的工作变动比较频繁。这种工作变动主要发生在获聘"长江学者"之前。有研究表明，人文社会科学领域的"长江学者"特聘教授受聘前流动的人数占总流动人数的96.5%，且绝大多数都表现为向上流动，即向综合实力更强或学科实力更强的高校流动（王帆、郭洪林、张冉，2015）。这一方面反映了高端学术人才考虑到自身的发展，需要寻求更好的学术发展平台，另一方面从某种程度上说明适当的工作变动有助于高端学术人才的成长。

3. 不同学科领域"长江学者"的成才时长分析

对于取得最高学位到获得"长江学者"特聘教授所花费的时间长度，我们按照13个学科门类进行统计，结果见表4。同时，也按照人文学科、社会科学和自然科学三类进行"长江学者"成才时长的统计，结果见表5。

表4 13个学科门类的"长江学者"特聘教授平均成才时长统计（共1957人）

学科门类	人数（人）	百分比（%）	平均时长（年）
法学	64	3.3	14.5
工学	803	41.0	13.3
管理学	50	2.6	15.0
教育学	27	1.4	15.2
经济学	55	2.8	16.1
军事学	2	0.1	16.0
理学	590	30.1	12.7
历史学	11	0.6	16.0
农学	53	2.7	13.5
文学	72	3.7	18.0
医学	192	9.8	13.0
艺术学	6	0.3	16.6
哲学	32	1.6	16.4

表5 三类学科"长江学者"特聘教授（不含军事学）的平均成才时长

项目	人文学科	社会科学	自然科学	总计
人数	121	196	1638	1955
平均时长（年）	16.8	15.2	13.1	15.0

从表5可知，"长江学者"特聘教授的平均成才时长为15年，自然科学类（理、工、农、医）"长江学者"特聘教授的成才时长最短，平均13.1年。其中，理学类"长江学者"在所有学科门类中成才时长最短，平均为12.7年。自然科学类的"长江学者"共1638人，占83.7%。人文学科类（文、史、哲、艺术）"长江学者"成才时长最长，平均16.8年，其中，文学类"长江学者"在所有学科门类中成才时长最长，平均为18年，与最短的理学类"长江学者"相比，两者相差5.3年。人文学科"长江学者"的人数最少，只有121人，仅占6.2%，特别是艺术学只有6人。社会科学类（法学、管理学、教育学、经济学）

"长江学者"的成才时长介于自然科学类和人文学类"长江学者"之间,平均时长为15.2年,人数共196人,占比10%。自然科学类的"长江学者"占绝大多数,而人文学科类"长江学者"比例过小,可能与我们长期以来重理轻文的政策导向有关;而自然科学类"长江学者"的成才时长显著短于社会科学和人文学科类的"长江学者",则与学科性质有关,也可能与人文社会科学研究更容易受到人为与社会因素的影响有关。许多研究发现,自然科学家创造力最高峰的年龄要明显早于社会科学家和人文学者(崔璐、钟书华,2013)。

四、结论

根据上述研究结果与分析,得出以下几点结论:

(1) 从性别分布来看,男女性别比例严重失衡,在"长江学者"特聘教授中,男性占比94%,女性占比仅为6%。

(2) 从出生地来看,存在明显的地域分布特色。"长江学者"特聘教授出生地分布在29个省、自治区、市,但仅江浙两省的比例就高达22.8%。

(3) "长江学者"大部分毕业于名校,毕业于985或211高校的比例为73%,但仍有近三成人毕业于非重点院校,说明一般本科高校在高层次人才培养中也起着一定作用。

(4) "长江学者"特聘教授几乎都获得博士学位,说明获得最高学位是杰出学术人才成长的重要条件,甚至可以说是必要条件。

(5) 大部分"长江学者"有留学经历,占比超过六成,说明留学经历在学术高端人才的成长中起重要作用。在获得本科学历的情况下,出国留学的"长江学者"的成才时长显著短于未留学的($MD = 29.000$, $P = 0.002$)。

(6) "长江学者"的学科训练背景比较单一,近八成的人为单一学科训练背景;"长江学者"存在学科上的不平衡,人文学科的"长江学者"的比例很低,仅占6.2%;"长江学者"的平均成才时长为15年,在成才时长上存在显著的学科差异,理学类的"长江学者"成才时长最短,平均为12.7年,远短于文学类"长江学者"平均时长的18年。

(7)近2/3的"长江学者"都有担任行政职务;"长江学者"的工作变动相对比较频繁,超过八成以上的人至少有1次及以上的工作变动,2次及以上工作变动者超过一半。

第二节 潜在科学创新人才——"挑战杯"全国竞赛获奖者群体的成长特点

潜在科学创造性作为一种创造力潜能,对其进行研究还比较少,国内外对于科学创造性人才的研究大都集中在一流科学家身上,我们曾采用历史测量法研究了从1899年到1930年间出生的35位中国杰出自然科学家(院士)的创造性,结果表明,特殊的家庭地位、良好的家庭文化环境、正规而高质量的大学教育以及学习和工作中的杰出导师对杰出科学家的科学创造性有显著的积极影响(郑剑虹、潘枫,2014)。本节选取"挑战杯"全国大学生课外学术科技作品竞赛获奖者作为潜在科学创新人才(有少部分早期获奖者已成为杰出科学家)进行研究,了解其成长特点与影响因素,可为科学创造性人才的培养和超常教育提供一种新的视角和实证依据。

一、研究对象与方法

本节从第1—14届(1989—2015年)全国"挑战杯"竞赛239名特等奖和753名一等奖获得者中选取能得到较丰富信息的91名获奖者作为研究对象,其中特等奖20名,一等奖71名;男性66名,女性17名,因缺乏资料无法确认性别的8名。采用历史测量法和内容分析法,对91位获奖者的相关资料进行统计分析,主要分析研究成果、职业发展历程、人格特征等内容。

二、研究内容

科学研究成果是衡量科学家创造力水平的重要指标，研究者试图将其作为验证潜在科学创新人才科研潜力的主要信息。不少科学领域都强调职业发展历程等社会背景因素对个人成就的决定作用（Simonton，1992），对其进行研究能帮助我们了解培养科学创造性人才所必需的条件。而对潜在科学创新人才人格特征的研究则让我们能更准确地辨别科学创造性人才，并能更科学地进行培养和教育。

（一）科研成果

科学研究成果通常包括发明专利、学术论文和专著三种类型。本节共收集"挑战杯"获奖者以下四类数据：（1）迄今为止发表科学研究专著的数量。(2)迄今为止获发明专利的数量。(3)迄今为止发表学术论文的数量。(4)迄今为止主持课题数量。

（二）职业发展历程

职业发展历程的研究包括获奖者的最终受教育情况和现工作情况，获奖者职业发展历程中重要事件与重要他人的影响等。由于内容分析需在已有事迹性材料的基础上进行，因而本节只选取了其中68名能找到事迹性资料的获奖者进行分析，探究他们职业发展历程中的重要事件与重要他人的影响。

（三）人格特征

采用内容分析法对68名能找到较为详细事迹性材料的获奖者进行分析，即从每位研究对象的事迹性材料中提取描写人格特征的形容词，将其作为分析单元，以频数为点算体系进行统计分析，对于同一个人，相同的人格词只记录一次。

三、研究结果

(一)"挑战杯"获奖者的科研成果统计结果

根据所获得的资料,对"挑战杯"获奖者在成长过程中出版和发表的专著、论文、专利和主持的省部级以上课题进行统计,结果见表1。

表1 "挑战杯"获奖者科学研究成果统计

项目	人数	最小值	最大值	平均数	标准差
专著	19	1	26	3.84	5.76
专利	20	1	54	7.55	13.43
论文	59	1	300	23	56.37
课题	18	1	18	2.16	3.93

从表1可以看出,有可考资料证明出版过专著的19名全国"挑战杯"获奖者中,发表专著最多为26部,平均每人发表3.84部著作;20名有发明专利的获奖者中,平均每人发表专利7.55项,其中专利数量最多的达到54项;列入统计的59人中,发表学术论文最多的为300篇,平均每人发表论文23篇;已知18人主持过课题,平均每人主持课题2.16项,主持课题最多的高达18项。

(二)职业发展历程的分析结果

1. 最终受教育情况与工作领域

由表2可以看出,在我们统计的91名获奖者中绝大部分(82.4%)来自国内一流大学,他们参加"挑战杯"竞赛时,已在国外学习过的人几乎没有,有一定比例的人(29.6%)是在杰出导师的指导下学习的。获奖之后,选择国外继续学习深造以及在杰出导师指导下学习的人数比例有明显的提高。从表3的最高学位统计也可以看出，获奖者中的大部分都选择了继续学习深造，并且超过一半的人最终获得博士学位，如果排除19名学历不详者，这个比例达到70.8%。

表2 与91位"挑战杯"获奖者受教育情况有关的各变量的统计结果

		人数	百分比
"挑战杯"竞赛期间	在国内一流学校学习的人数	75	82.4%
	在国外学习过的人数	1	1.1%
	在杰出导师指导下学习过的人数	27	29.6%
"挑战杯"竞赛获奖后	在国外学习过的人数	25	27.4%
	在杰出导师指导下学习的人数	42	46.1%

表3 91位"挑战杯"获奖者最高学位统计结果

最终学历	人数	百分比
博士	51	56%
硕士	11	12%
学士	10	11%
不详	19	21%

从表4可以看出，"挑战杯"竞赛获奖者工作的领域大多在高校或研究所，也有少部分获奖者最后选择了创业而非学术研究之路，但选择在企业或其他领域就业的占少数。

表4 91位"挑战杯"获奖者现工作领域统计结果

工作领域	人数	百分比
大学和科研机构	39	42.8%
自己创业	7	7.7%
他人企业	6	6.6%
其他	3	3.3%
不详	36	39.5%

2. 重要事件和重要他人

对68名获奖者在职业发展过程中发生的重要事件对其成长的影响进行归类统计，结果见表5。

表5　影响潜在科学创新人才成长的重要事件分析结果

项目	家庭环境的熏陶	兴趣使然并坚持	大学学术氛围的熏陶	国外学习和进修	取得某个成就	偶发事件确定研究方向
人数	6	10	15	14	11	18
百分比	8.8%	14.7%	22.1%	20.6%	16.2%	26.5%

从表5可以看出，在这些受过正规大学教育的潜在科学创新人才中有超过四成的人是在大学学术氛围的熏陶下坚定了自己的学术研究之路（其中包括在国内大学和国外大学继续学习深造或进修的影响）。也有不少人因为一些偶发事件而敏锐地察觉到可能的科研方向。因兴趣使然在职业选择中从事科学创造性研究的人也有一定的比例。

对68名具有较详细事迹资料的获奖者在其成长过程中，有提到对其成长起重要作用的人物进行统计归类，结果见表6。

表6　影响潜在科学创新人才成长的重要他人及其占比

群体	教师	同伴	家人	某著名人物
人数	23	8	6	4
百分比	33.8%	11.8%	8.8%	5.9%

从表6可以看出，在提及的教师、同伴、家人和某著名人物这四类重要他人中，最常见的重要他人是教师，33.8%的获奖者曾受其影响。根据内容分析的结果，教师通常都起到了指导研究的作用，甚至有些教师还对获奖者的科学研究方向的确定起着决定性作用；部分教师对获奖者的成长和发展中的其他方面产生重要影响，如促使获奖者形成良好品质或创新思维等。其余重要他人类别还有同伴、家人，也起到了一定的作用。其中作为同伴的重要他人通常起到

陪伴、支持的作用，也有部分存在竞争关系。家人则通常在形成良好品质、诱发学习兴趣和提供支持这三方面起作用，其中家人提供的支持可能是多方面的，包括经济支持、行为支持、精神层面上的支持等。除上述三者外，一些著名人物，在与获奖者互动过程中也起到一定激励作用。

(三) 人格特征分析结果

通过对68名获奖者事迹材料中出现的人格特征形容词进行内容分析，按照人格形容词所属的类别进行归类，并将材料中出现的频数大于10的人格形容词列入表格，统计结果见表7。

表7　68名"挑战杯"获奖者事迹材料的人格特征分析结果
（人格特征词后面的数字为频数）

意志品质		智能		气质性格		品德修养		学习/工作态度		为人处世		自我意识	
坚持不懈	52	创新思维	42	活力热情	15	奉献	20	勤奋	20	人际关系好	20	自信	9
不畏艰苦	35	聪慧	33	兴趣广泛	14	—	—	脚踏实地	18	淡然	11	谦虚	9
追求卓越	31	善于把握机会	18	求知欲强	13	—	—	有责任心	18	—	—	—	—
有理想	30	洞察力	11	感性	10	—	—	专注	15	—	—	—	—
敢于尝试	21	—	—	—	—	—	—	认真严谨	13	—	—	—	—
意志坚强	13	—	—	—	—	—	—	—	—	—	—	—	—
有胆识	11	—	—	—	—	—	—	—	—	—	—	—	—
自立自强	9	—	—	—	—	—	—	—	—	—	—	—	—

从表7可以看出，在7个类别中，意志品质类出现的高频词最多，其次是学习/工作态度类，再次是智能类。三者高频词的总频数分别为202、84、104，说明这三类人格特征是潜在科学创新人才的核心特征或主要特征。具体来说，坚持不懈（52）、创新思维（42）、不畏艰苦（35）、聪慧（33）、追求

卓越（31）和有理想（30）是潜在科学创新人才最重要的人格品质。

四、讨论

（一）全国大学生"挑战杯"竞赛获奖者是潜在的科学创新人才

全国大学生"挑战杯"竞赛是国内高等教育阶段最权威的科技创新型竞赛，选取全国"挑战杯"竞赛特等奖和一等奖获得者作为研究对象，结果表明全国"挑战杯"学术科技作品竞赛获奖者是潜在的科学创新人才。一是从这些获奖者继续深造的比例来看，获奖者中的大部分都选择了继续学习深造，并且56%的人最终获得博士学位，如果排除学历不详者，这个比例高达70.8%。博士学位的获得反映了"挑战杯"获奖者的科研创新能力，从科学史来看，许多重大科学创新都在攻读博士学位期间完成。二是从这些获奖者后来从事的职业来看，在大学和科研机构工作的比例最高（42.8%），自己创业和在企业工作的两者合计占14.3%，其他职业的占3.3%。如果不统计职业不详的获奖者，在高校和科研机构工作的比例为70.9%，而高校和科研机构是我国科学创新的主力军。三是从获奖者从事科学研究所发表的科研成果数量来看，平均每人发表3.84部著作、23篇论文、7.55项专利、主持省部级以上课题2.16项，在这四个方面，最多者分别为26本著作、300篇论文、54项专利和18项课题。

总之，全国"挑战杯"竞赛获奖者属于潜在的科学创新人才，获奖者中大部分人后来都获得博士学位，从事科学研究活动并取得较大成就。

（二）重要事件、重要他人和继续深造是成为科学创新人才的重要影响因素

1. 重要事件

重要事件在本章中被定义为有意无意中对个体的成长和发展产生重要影响

的社会事件或生活事件。研究者对"挑战杯"获奖者的相关事迹和报道进行内容分析，统计出影响潜在科学创新人才的3种最主要的重要事件，分别是偶发事件的启发、大学学术氛围的熏陶、国外学习和进修。

68名可统计资料的获奖者中有18名获奖者曾受到偶发事件的启发而确定新的研究方向，他们占到了样本群体的26.5%，是获奖者提到的最多的重要事件。这说明有不少的潜在科学创新人才对他们所在的研究领域非常敏感，通过生活中的偶发事件启发自己的科学研究，使他们成长为科学创新型人才。68名获奖者中有15人（占22.1%）将大学自由开放的学术氛围视为影响其人生走向的重要事件，有14人（占20.6%）曾通过新的环境（国外进修和学习）开阔视野。对他们来说，大学里良好的学习和科研环境在他们学术研究的道路上起到了非常重要的作用。此前也有研究认为，大学所提供的教育，特别是研究生阶段的训练有助于学生学术创造潜能的发展，而研究生教育本身也是一种学术实践活动。拥有良好学术氛围的大学教育和启发性的学习或工作经验是促使潜在科学创新人才取得成就的重要事件。

2. 重要他人

本章将重要他人定义为对个体成长有关键性影响的人。研究结果显示，在潜在科学创新人才成长过程中起作用的重要他人依次为教师、同伴、家人和其他著名人物。其中影响最大的是教师，研究样本中33.8%的"挑战杯"竞赛获奖者受其影响。对于潜在科学创新人才来说，大学教师通常起到了指导科学研究的作用，有些教师甚至还对获奖者的科学研究方向起着决定性作用；部分教师也会对获奖者成长中的其他方面产生重要影响，如促使获奖者形成良好品质或创新思维等。教师对培养科学创新人才起着不可替代的作用，是潜在科学创新人才在发展成才的过程中最有可能发挥积极作用的重要他人。

重要事件与重要他人往往交织在一起对潜在科学创新人才的成长起积极作用，国外的学习与进修以及大学学术氛围熏陶作为重要事件，同时也伴随着教师作为重要他人的影响。从某种程度来看，教师本身也是上述这些重要事件的构成部分。

3. 继续深造

对可获得资料的"挑战杯"竞赛获奖者进行统计，有70.8%的人在获奖之后最终取得了博士学位，并且将其在"挑战杯"竞赛获奖前后，在杰出导师指导下学习和到国外进修学习的人数进行比较，发现这两个变量的数值随着时间的推移均呈现出了上升趋势。这意味着潜在科学创新人才的成长离不开继续深造和学习。这与我们前期的研究结果是一致的，我们曾对中国现当代成就人物进行研究发现，与文艺界或商界的成就人物相比，学术领域的成就人物更需要高学历的正规教育（郑剑虹，2006）。

（三）潜在科学创新人才的人格特征

本章还考察了潜在科学创新人才的人格特征。研究发现，意志品质、学习/工作态度、智力水平是潜在科学创新人才的核心特征。具体来说，坚持不懈、创新思维、不畏艰苦、聪慧、追求卓越和有理想是潜在科学创新人才最重要的人格品质。这与我们对中国现当代学术界卓越人物人格特征分析的结果基本一致。该研究显示，学术界有卓越成就人物的最重要人格特征包括勤奋努力、创造性、坚持不懈、有理想、爱国、认真严谨、奉献。其中勤奋努力、创造性、坚持不懈、有理想这些特征是学术界卓越人物与潜在科学创新人才所共有的，不同的是，潜在科学创新人才的主要人格特征还强调聪慧和追求卓越，而杰出科学家强调爱国和奉献这种品质。这可能是因为爱国和奉献等人格品质与时代特点和人生阅历积累有关，而潜在科学创新人才尚未成为科学界的卓越者，追求卓越的品质是必须的。我们还对文艺界和商界卓越人物的人格特征进行了研究，发现意志品质是所有卓越人才所共有的，也是最重要的人格特征，潜在科学创新人才也不例外（郑剑虹，2006）。

五、小结

全国"挑战杯"竞赛获奖者属于潜在科学创新人才；影响潜在科学创新人才成长的三种最主要的重要事件，分别是偶发事件的启发、大学学术氛围的熏陶、国外学习和进修；杰出导师的支持和指导是潜在科学创新人才获得科学成就的重要因素；潜在科学创新人才的主要人格特征包括坚持不懈、创新思维、不畏艰苦、聪慧、追求卓越和有理想等，主要涉及意志品质、学习/工作态度和智能这三个方面。

第四章 我国院士的科学精神：心理传记学的探索

本章将从心理传记学的视角来探讨我国现代心理学的奠基人潘菽院士（中国科学院学部委员）如何从实验心理学研究转向理论心理学研究的过程，以了解其心理学思想与其生命故事的关系；探讨袁隆平院士毕生孜孜不倦致力于杂交水稻研究的心理驱动力。在探讨潘菽院士和袁隆平院士的生命故事之前，本章先介绍心理传记学的概念、研究传统、相关理论与方法（包括资料筛选的方法、研究模式和理论选择等问题），以便有助于对上述两位院士心理传记的理解。上述有关心理传记学的理论与方法方面的内容大部分出自作者以往已发表和出版的相关著作（郑剑虹，2012，2013，2014a，2014b）

第一节 什么是心理传记学

一、心理传记学的概念

心理传记学（Psychobiography）既是一门学科，也是一种研究方法。一般认为，1910年出版的弗洛伊德（Freud）的《达·芬奇与他童年的一个记忆》（*Leonardo da Vinci and A Memory of His Childhood*）是第一本心理传记学著作，标志着心理传记学研究的开端。2005年，舒尔茨（W. T. Schultz）主编出版了《心理传记学手册》一书，该书的出版可看作心理传记学作为一门学科初步确立的标志。一百多年来，心理传记学的研究已形成了政治家的心理传记学或政治心理传记学（Political Psychobiography）、艺术家的心理传记学和心理学家的心理传记学三个研究领域，并逐渐形成比较心理传记学（Comparative Psychobiography）这一新的研究领域。

对心理传记学的定义，不同学者有不同的看法，代表性的定义主要有三种：第一种定义将心理传记学视为心理学知识在传记学中的应用，是一种心理学与传记学相互结合的研究领域，强调其跨学科的性质。例如，鲁尼恩（Runyan，1982）将心理传记学定义为明显地使用系统化或正式的心理学知识于传记研究。艾尔姆斯（Elms，1994）也认为心理传记学是实质地使用心理学理论与知识的传记学，其书名《揭示生命：传记学与心理学的不安联盟》（*Uncovering Lives: The Uneasy Alliance of Biography and Psychology*）就反映了这一点。第二种定义是从叙事隐喻或叙事研究取向的视角所做的界定。例如，麦克亚当斯（McAdams，1988）认为，心理传记学是系统地运用心理学的理论将生命经验转化成一个连贯的富有启发性的故事。第三种定义则将心理传记学视为一种心理学的特则研究方法。例如，舒尔茨（Schultz，2005）认为心理传记学是心理学的一种研究方式，其目标不是探究普遍规律，而是寻求个体的差异性和独特性；不是探究一般化，而是探究个体生命最深层、最微妙和最特殊之处。

我们认为，心理传记学是系统地采用心理学的理论和方法对个别非凡人物的生命故事进行研究的一门学问。这个定义包含三点：一是所选择和应用的是心理学理论，而非其他学科的理论或常识心理学，以区别于其他传记研究，且也不限定某一种心理学理论的应用。上述许多学者的定义都强调了这一点。二是对个别非凡人物的心理学研究，既包括在世的非凡人物，也包括逝去的历史人物，因而排除了对一群人的研究以及仅对历史人物的研究，体现了心理学的一种特殊规律研究取向。三是对生命故事的研究，体现了时间序列和传记性质，隐含着叙事取向，但又在研究方法上采取开放和多元的态度。

二、心理传记学的研究传统与学科性质

（一）心理传记学的精神分析传统

如前所述，这种传统起源于弗洛伊德对达·芬奇的研究，此外，弗氏用同样的方法还研究了美国总统威尔逊（T. W. Wilson）和犹太人先知摩西（Moses）。随后，精神分析理论应用于历史人物研究的方法被许多学科的学者（包括精神分析学家、历史学家、政治学家、文学家等）使用，20世纪二三十年代形成了一种精神分析的心理历史学研究的热潮。埃里克森（1958，1969）采用自己创立的认同理论对中世纪的宗教改革人物路德（Luther）和印度国父甘地（Gandhi）的研究是精神分析心理传记学的两部经典之作。20世纪70年代以前，对历史人物的研究几乎是采用单一的精神分析理论的诠释路线，但存在将研究对象病例化、虚构童年历史、过度强调心理因素或病理解释而完全忽视社会和历史因素等缺陷，因而受到了严厉的批评。20世纪80年代以后，心理传记学研究的理论选择才呈现出多元化的趋势，即不单局限于精神分析理论，各种心理学理论都有运用于非凡人物的研究。不过，采用精神分析理论为唯一或主要的研究目前仍然占相当大的比例。

（二）心理传记学的人格学传统

从人格心理学学科的产生来看，人格学（Peronology）其实就是人格心理学。人格心理学的创始人莫里（H. A. Murray）和奥尔波特（G. Allport）都对传

记方法感兴趣，乐于分析个人的生命故事（Life Story）。人格学（Personology）是莫里创立的研究人格的一种理论和方法。它研究单个人的生命史，强调从整体取向（Holistic Approach）对个体进行长时间的观察。莫里曾对美国小说家赫尔曼·梅尔维尔（Herman Melville）进行了个案研究，在其人格心理学奠基之作《人格探索》（1938）一书中有其学生怀特（R. White）撰写的对欧内斯特（Ernest）的个案史研究。奥尔波特曾将个案研究称为"所有方法中最能给人以启迪的方法"，并出版了一部长篇个案研究《珍妮的信》（1965）。在哈佛档案馆有关奥尔波特的资料中有许多心理传记学论文和期末报告，这些是其学生在他的人格心理学课上完成的作业（Schultz, 2005）。怀特对生命史（Life History）的研究受到莫里和奥尔波特的深刻影响。在其《变态人格》（1948）、《成就人生：人格的自然成长研究》（1952）、《生命史研究》（1963）等著作中做了许多相关个案研究（Schultz, 2005）。但进入 20 世纪 50 年代以后，人格心理学却沿着一条完全不同的轨迹发展，即完全转向群体的心理测量研究和实验研究，个案研究或传记方法淡出了人格心理学领域。直到 80 年代以后，随着一批人格心理学家，如鲁尼恩（Runyan, W. M.）、埃尔姆斯（Elms, A. C.）、亚历山大（Alexander, I. E.）、卡尔森（Carlson, R.）、麦克亚当斯（Mcadams, D. P.）等人重新提倡并致力于人格的个体生命史研究，创建了人格学的学术组织，这种传统才得以延续，并使得人格心理学家成为目前心理传记学研究的主要力量和理论贡献者。

(三) 心理学研究的叙事转向与心理传记学

叙事（Narrative）作为一种研究取向或思维方式，从 20 世纪五六十年代开始，被广泛应用于文学、历史学、教育学、人类学和心理学的研究。20 世纪 80 年代，心理学家萨宾（Sarbin, T. R.）将其引入心理学研究，提出了叙事是心理学的根隐喻（Root Metaphor）的观点，1986 年萨宾主编出版《叙事心理学：人类行为的故事性》(*Narrative Psychology: The Storied Nature of Human Conduct*) 一书，进一步提出要用叙事范式取代传统心理学的实证主义范式，个体的生命故事应该成为心理学研究的主要对象。他认为，故事本身就反映了个体心理（特别是人格与自我）的发展与变化过程。心理学的目标应是对个体生命故事的理解与诠释，而非对人的行为进行预测与控制。1993年临床心理学家乔塞尔森（R. Josselson）等人主编出版"生命叙事研究"(*The Narrative Study of Life*) 系列丛书（辑刊），至1999年共出版了六辑，2001年人格心理学家麦克亚当斯加入主编队伍，改由美国心理学会（APA）出版，标志着主流心理学对叙事研究的肯定与接纳。"生命叙事研究"丛书收录有心理传记学的论文，心理传记学是对非凡人物生命故事的研究，从某种程度上看，遵循的是一种叙事研究取向。心理学研究的叙事转向（Narrative Turn）促进了心理传记学的进一步发展。

三、心理传记学研究的理论与方法

(一) 传主资料的筛选与处理

开展心理传记研究，首先要确定所要研究的传主，当确定某个传主后，接着就要面临传主资料处理的问题。有些传主的资料很多，甚至汗牛充栋，如何从众多资料中选取有用的资料进行分析？或者要特别注意哪些方面的资料？这些都需要相应理论的指导，以下介绍传主资料筛选与处理的四种相关理论。

1. 亚历山大的凸显性识别指标

亚历山大（Alexander, 1988, 1990）基于精神分析取向，提出了一种资料处理的理论——凸显性的主要识别指标（Principal Identifiers of Salience）。包含九个：(1) 初始（Primacy），即文中最先出现的内容。这些内容往往具有特别的意义或隐含更多的信息。(2) 频率（Frequency），即重复出现的情景、事件、主题等。（3）独特（Uniqueness），即传主过分强调事件的独特性和特异性。(4) 否认（Negation），即对事实给予强烈否认。（5）强调（Emphasis），即传主试图通过强化（一些生活琐事被给予浓墨重彩）、弱化（重要的生活经历却被一笔带过）、误置（对一些不相关之事花费大量笔墨）等方式进行特意粉饰。(6) 遗漏（Omission），即遗漏了事件中重要的细节和人，而这往往与情感有关。(7) 错误或歪曲（Error or Distortion），即描述了一个错误的记忆或对真实事件进行歪曲。(8) 孤立（Isolation），即资料孤立出现，与周遭的文脉无关，似乎联系不起来。(9) 未完成（Incompletion），即叙述的故事未完成，似乎是有意回避结局的内容。

亚历山大认为，如果传主的资料中出现上述九种情况，这些资料就要给予特别注意和重点研究，因为这些资料具有核心的解释意义，往往反映了传主的人格，能够帮助我们更为清晰地了解传主。

2. 舒尔茨的原型场景

亚历山大（Alexander）是从微观层面提出了资料处理的九个指标，舒尔茨（Schultz，2002，2005）则在分析亚历山大的心理凸显性指标的基础上，从中观层面提出了资料处理的"原型场景"（Prototypical Scene）理论。他认为所有的原型场景都是凸显的，但并非所有凸显的场景都算得上是原型。那么哪种凸显性才算是原型呢？由此，他提出了识别"原型场景"的五个关键指标：(1) 清晰、具体、情感强度（Vividness，Specificity，Emotional Intensity），这种场景有着非常清晰和强烈的情感体验，以及忠实而又详尽的对白描写。(2) 贯通（渗透）（Interpenetration），这种场景总是弥漫或渗透在不同的语境、活动或创造性的作品中（故事、诗歌、小说或回忆录）。(3) 发展性危机（Developmental Crisis），这种场景涉及个人发展中出现的某种特定的心理危机，例如，认同对角色冲突。(4) 家庭冲突（Family Conflict），这种场景主要牵涉家庭内部的冲突，例如，父女、兄弟或者母子间的冲突。(5) 拒绝接受现状

(Thrownness),出现出人意料或异常的事情,这种场景使传主的情感失调,并拒绝接受发生的事实或现状。

舒尔茨认为,并非所有的原型场景都包含上述五个方面,亦即上述每个指标都有可能反映着某个原型场景。原型场景是分析传主的基本单元,蕴涵着丰富而浓缩的信息,它将散乱的信息整合在某个统一的主题下,为传主的人格和自我提供了一个快速且有效的概括,它是对长篇生命故事的缩写。他认为,每个生命都会存在一个原型场景,甚至是唯一的原型场景。虽然原型场景概括了个体生命中的种种冲突,但它既可以产生悲伤,也可以产生欢快(愉快的原型场景)。

3. 麦克亚当斯的认同的生命故事模型

麦克亚当斯(McAdams, 1996, 2001, 2005)认为,生命故事(Life Story)是一种个体内在和演变的自我叙说,这种叙说将重构的过去、感知的现在和预期的未来连在一起。认同作为成人世界中一种自我的整合性组态(结构),它涉及的是一种人们对自我理解(Self-understandings)的特定质量。麦克亚当斯认为可以按照以下几个方面来解释、分析、理解成人的生命故事:(1)叙说的基调(Narrative Tone),基调涉及的是一个故事中情绪的总体性质,例如,叙说的故事是以积极情绪为主要情感基调(如乐观),还是负面情绪为主要情感基调(如悲观)。(2)主题(Theme),有两类:个人行为主题(Agency)和集体主题(Communion)。前者与成就、权力一类的东西有关,后者与爱、友情、团体一类的东西有关。(3)思想背景(Ideological Setting),指的是个体的宗教、政治、伦理方面的信仰和价值观。(4)核心情节(Nuclear Episodes),在个体生命故事中以某种醒目印记凸显出来的特定情节。(5)意象(Imago),指一种理想化的、由文化塑造的自我人格。个体的生命故事可能不止一种意象,每个意象都表明了它自身的价值观、信念、目标和作用,可分别在生命故事的不同部分起主导作用。(6)叙说的复杂度(Narrative Complexity),与简单的生命故事相比，复杂的生命故事包含了更多的情节和角色，并且有更多明显的特色。

麦克亚当斯认为，生命故事开始于青少年晚期和成年初期，因此，心理传记学家应更多地关注研究对象的青少年后期和成年期的生活。麦克亚当斯所提出的认同的生命故事模型（Life Story Model of Identity）的上述六方面内容可以作为我们处理和解释传主资料，特别是传主的访谈录、自传、自述、日记、书信等第一手资料的参照。此外，他提到的七个方面的核心情节也可作为我们处理和筛选传主资料的参考，即高峰点（High Point）、低谷点（Low Point）、转折点（Turning Point）、最早记忆、重要的童年记忆、重要的青少年期记忆、重要的成年期记忆。

4. 郑剑虹的成长性关键因素

个体生命故事的演变和成长有几个关键的影响因素：（1）早期经历。主要包括亲子关系、家庭环境和早期教育等。这里的早期经历的时间指的是十一二岁之前。绝大部分心理学家都认同早期经历对成人的人格与行为会产生重要影响，因此，传主早期资料的收集和分析就显得尤为重要，这些资料包括亲子关系、家庭环境和早期教育等。（2）身体自我（Body Self）。个体进入青春期之后，对高矮、胖瘦、美丑、强弱等有关自身的外表和身体状况极为关注，对自己身体的认识及与别人身体比较的认识会对个体的心理和行为产生很大的影响。因此，要高度重视对这方面资料的处理与分析。（3）角色楷模（Role Model）。传主在人生的不同阶段可能存在一些角色楷模，这些角色楷模从影响的程度上来看，包括重要他人、崇拜的偶像或英雄（英雄崇拜）和自居的对象（郑剑虹，2014b）。

亚历山大的凸显性识别指标是一种微观层面的资料筛选与处理方法，舒尔茨的原型场景是一种中观层面的资料筛选与处理方法，而我们提出的成长性关键因素是一种宏观层面的资料筛选与处理方法，麦克亚当斯提出的认同的生命故事模型既有宏观层面的，也有微观层面的内容。我们认为，从可操作性的角度来看，对资料的筛选与处理，应先从宏观到中观，再到微观。

（二）研究模式或解释模型

1. 因果式和连贯整体式研究模式

克罗斯比等人（Crosby, F. & Crosby, T. L., 1981）将心理传记学研究分为两种研究取向或解释模型：一种叫因果式（Causal）解释模型，另一种为连贯整体式（Coherent-whole）解释模型。因果式的解释关注于寻找导致成人行为的儿童期事件或其背后的原因，在研究过程中注重对早期资料的分析，通常采用精神分析理论来解释。例如，弗洛伊德在研究达·芬奇时，对达·芬奇的艺术创作及其成就以及同性恋的原因进行分析，就特别强调达·芬奇5岁之前只有母亲没有父亲的私生子经历，以及重点分析了达·芬奇笔记中关于一只鸟落到他的摇篮，并用鸟尾撞开他的嘴的记忆（或者说是童年幻想）。

连贯整体式的解释则试图在个人行动所产生的众多分歧资料中，找到一个统一的整体，如一个人重复出现的行为模式，其目的在于寻求行为重复出现的某种规则模式，亦即研究者针对个人生命在特定的脉络下重复出现的行为模式提出一个概念或解释，使我们理解个人的行为。例如，乔治夫妇（George, 1956）在对美国总统威尔逊（Wilson）进行研究时，做了这样的解释：当威尔逊与他视为对手的另一个男性产生冲突时，便会造成情绪上的困扰而拒绝妥协。在他任大学校长、州长及美国总统的不同生涯阶段，都会出现这种相同的行为表现模式。

对于上述两种解释模型，克罗斯比提出了检验或评价标准。因果式解释模型的检验标准在于证据的适当性和推论的严谨性。连贯整体式取向的评价标准要考虑以下四点：（1）所要解释的行为，资料是否齐全。（2）行为的出现是不是人格或适应的表现，而不只是情境或角色的反应。（3）所提出的心理学理论或概念是否适当且有效。(4) 是否提出其他可能的解释。

2. 质量结合的研究模式（混合研究模式）

郑剑虹（1997）对梁漱溟的心理传记学研究是第一篇质量结合模式的案例研究文献。2011年，他在中国台湾举行的第七届华人心理学家学术研讨会上，提出了质量结合的研究模式，亦称混合研究模式。该模式一般包括对传主人格的分析和对悬念性问题或典型行为事件的诠释两个部分的内容（郑剑虹，2011，2012，2014b）。其程序和做法是：在第一部分的研究中，首先采用定量和定性相结合的方法评估得出传主的人格，然后采用心理学理论对其人格的形成与发展或人格的成因进行质性分析。在第二部分的研究中，首先要寻找传主的悬念性问题或典型行为事件，然后根据心理学理论和传主的人格特征对这些悬念性问题进行诠释分析。在对传主人格的成因及悬念性问题的诠释分析中将其生命编排成一个连贯的故事。

（1）传主人格的评估与分析

传主人格的评估包括两个方面：①传主外显人格的评估。可通过两种途径：一是了解有关专家对该传主人格的看法（可采用特尔菲法、内容分析法和元分析法等）；二是了解传主亲人或熟人对其人格的看法（可采用访谈法和内容分析法等）。②传主内隐人格的评估。这里的内隐人格包括传主对自己人格的认识和传主潜意识层面的人格特征两个方面。前者可通过对传主的自传（自述）、日记、书信、访谈录、回忆录等第一手数据进行分析（含质的分析和量的分析）来获得；后者可采用精神分析理论进行质性研究来揭示。

综合上述两方面人格特征的研究，最终获得对传主人格较具全面的理解。上述两方面人格特征的评估是互为印证和互为补充的，是一个反复评估的过程。接着，系统地采用心理学理论对传主人格的成因或人格的形成与发展进行质性分析。需要指出的是，对人格成因的分析仍然要注意与前述人格评估结果互为印证和互为补充的问题。因此，整个研究过程是一个反复论证、迭代分析的过程。

(2) 悬念性问题的确定与分析

悬念性问题（Suspenseful Problems）的确定与分析是心理传记学研究的重要内容。确定悬念性问题既可以采用定性方法，也可以采用定量方法。从定性的角度确定悬念性问题，可参考以下几点：①为研究者强烈感兴趣并想探个究竟的问题。②为其他研究者共同感兴趣却解释不一的问题。③能够反映传主的人格特征。④一般具有弥漫性和渗透性的特点，可贯穿传主的大部分生涯时段。⑤对传主的人生产生重要影响的典型行为事件。

悬念性问题可以一个，也可以多个，悬念性问题确定以后，可采用心理学理论对其进行分析（以质性分析为主），在诠释分析中将传主的生命编排成一个连贯的故事。

传主的人格评估与分析和悬念性问题的分析是心理传记学研究的质量结合模式的两个构成部分，当然，只对其中的一个部分进行研究，特别是对悬念性问题的分析，也是未尝不可的。在某种程度上，我们也可将心理传记学研究看作对传主悬念性问题进行诠释分析的过程。

3. 鲁尼恩的八成分过程模型

对于心理传记学研究，鲁尼恩（Runyan, 1988）提出了一个具有八个步骤或成分的研究模型（The Model of Component Processes）。这八个成分是：(1) 证据与资料的收集过程。包括日记、信件、访谈、档案记录或物理证据。(2) 对证据与资料的批判性检验。包括诸如对既有证据进行检测，以发现遗忘或错误的证据，以及对不同证人的证词进行权重评估。(3) 背景理论与知识。包括心理发展理论、了解相关的文化与历史背景以及医学和生物学知识。(4) 提出新的解释和说明。(5) 对提出的解释进行批判性评估并试图否证。(6) 生命故事（叙说）的产生。将解释、资料与证据、理论和背景知识结合起来建构出个体的生命故事。(7) 对生命叙说进行批判性评估。以传记评论或个案研讨的形式，仔细考察证据的适当性、理论的适用性以及所提出的解释的可信度。(8) 上述各过程均要受到社会、政治、心理与历史因素的影响。

鲁尼恩认为，上述任何一个成分的发展变化都会产生一种新的心理传记研究。例如，新证据或新资料的发现、理论知识的进展（可能会使先前莫名其妙的事件获得解释）、对先前解释的批判和推翻、社会与历史因素的变化（会在先前的生命研究中产生某些新主题或论题）等。

4. 普莱西斯的逐步法

普莱西斯（Plessis，2017）基于麦尔斯等人（Miles，2014）的质性资料分析法，发展出适合心理传记学研究的逐步法，该方法由4个阶段共12个步骤组成（见表1）。

表1 普莱西斯的逐步法

阶段	步骤
资料搜集阶段	步骤一：选择传主
	步骤二：辨识第一手资料与第二手资料，批判性地评价资料的潜在价值
	步骤三：辨识传主的生命脉络，并决定哪些素材可用于心理传记研究
	步骤四：适配的心理学理论
资料沉淀阶段	步骤五：由资料来揭露其自身
	步骤六：对于传主的资料探问相关的特定问题
	步骤七：开发编码策略、进行编码
资料呈现阶段	步骤八：选择早现样式
	步骤九：结合资料与呈现样式
结论与验证阶段	步骤十：撰写心理传记
	步骤十一：针对一开始想要了解的特定问题修改内容
	步骤十二：评估研究过程

资料来源：陈祥美（2019）修改自"The Method of Psychobiography: Presenting a Step-wise Approach" by C. Du Plessis, 2017, *Qualitative Research in Psychology*, 14, 222.

普莱西斯提出的逐步法，距离鲁尼恩的准司法程序已隔三十年之久，在经过半个甲子的演进过后，这个融合了质性资料分析法的研究方法似乎更侧重于实务的操作层面。而普莱西斯亦提供了自身对于逐步法的优势与局限两方面的见解，优势部分包含研究过程去神秘化、新手可依循的起点、确保程序上的公平性，而局限部分包含易流于制式化操作、过于简化研究历程等。（陈祥美，2019）

（三）理论选择的问题

关于选择什么样的心理学理论或如何选择合适的理论对传主进行研究的问题，罕见文献从理论与方法上进行系统的探讨。艾尔姆斯（Elms，2005）对此曾有初步的思考，他认为，在目前，理论选择仍然是一种艺术性的选择，结合了知识、技术与创造性直觉。由此，他提出了几条策略或建议：（1）用研究对象所创立的理论来研究他本人。例如，用弗洛伊德的理论来研究弗洛伊德，用埃里克森创立的认同理论来研究埃里克森等。（2）寻找某种特别适合于研究对象最渴望的活动或目标的理论。例如，如果你研究的男性传主与女人的关系集中在控制欲而非性欲上，那么，你可以考虑有关权力动机的理论等。（3）途中要随时准备更换理论。在研究中要保持对理论选择的开放性，如果发现先前选择的理论不适合于研究对象，要坚决放弃，并找到一种合适的理论。（4）让别人的错误理论选择来启发你的研究。当你选择一个感兴趣的传主进行研究时，要查阅以往研究该传主的文献，以发现是否存在错误的理论选择，并以此来启发你选择合适的理论进行研究。

艾尔姆斯对理论选择问题打了一个形象的比喻，他将所选择的理论比喻为手套，研究对象（传主）比喻为手，手套是否适合于手，要在直觉和知识背景的基础上去反复试探，并从各个角度逐步排除可能不适合的情况。你可能永远找不到完全适合的手套，但你可以找到某个比其他更适合的手套。

有些心理传记学家认为，在理论选择上应采取综合取向，即应用多种心理学理论于某个传主的研究。新近的研究，特别是一些学位论文，较为重视脚本理论（Script Theory）、列文森（Levinson）的生命结构理论、五大人格理论等。

第二节 潘菽院士的心理传记学研究

一、引言

美国心理传记学家舒尔茨（W. T. Schutz）在其 2005 年主编出版的《心理传记学手册》中，将心理学家的心理传记学研究作为心理传记学的一个重要分支领域，该手册收录了对弗洛伊德、奥尔波特、埃里克森、史蒂文斯等杰出心理学家进行心理传记学研究的多篇论文，并从理论上阐述了心理学家的生命故事与其心理学思想和理论的密切关系（郑剑虹等译，2011）。采用心理传记方法研究心理学家的生命故事，能够使我们洞察心理学家建立理论的创造性过程，有助于我们更好地理解心理学理论。在我国开展心理传记学研究，要加强应用探讨以及着手进行中国杰出心理学家的心理传记学研究（郑剑虹、黄希庭，2013）。

目前，国内罕见中国心理学家的心理传记研究。研究中国心理学家有助于了解中国社会发展与中国心理学发展的关系，了解中国心理学家思想形成与社会历史文化环境的关系，有助于发展中国特色的心理学，有助于丰富和深化中国心理学史研究。老一辈心理学家见证了我国心理学的发展，他们的学术生命轨迹综合起来就是一部中国心理学的发展史。作为我国心理学的奠基人之一，潘菽早年留学美国，接受严格的实验研究训练，并立志从事实验研究，但最终却转向理论探索，成为我国理论心理学的主要倡导者和奠基人，从心理传记学的角度探讨这种转向的深层原因，对了解潘菽本人以及个人、时代背景与中国心理学发展的关系具有重要的理论与现实意义。

潘菽（1897—1988 年），号有年，字水叔（菽），著名心理学家、教育家和社会活动家。早年留学美国，获芝加哥大学博士学位，1927年回国后，历任第四中山大学（后改称中央大学）心理学系副教授、教授、系主任。1949年新中国成立后，先后任南京大学（原中央大学）教务长、校务委员会主席、第一任校长，并兼心理系主任。1955年被聘为首批中国科学院生物学部委员（今称院士）。中国心理学会重建后其连任三届理事长。1956年中国科学院心理研究室与南京大学心理系合并成立中国科学院心理研究所后，其一直任所长，1983年改任名誉所长。此外，潘菽是我国九三学社的创始人之一，曾任九三学社中央副主席。

潘菽一生为"建立有中国特色的心理学"而不懈努力，鞠躬尽瘁，为我国心理学的发展做出了巨大贡献，尤其在心理学基本理论方面提出许多独特而深刻的观点，其中包括心理活动的二分法、心理学的学科性质界定、身心问题的唯物一元论观点、辩证唯物论的心理学研究指导原则、对我国古代心理学思想的挖掘等。这些见解和研究对我国理论心理学的发展有着重大影响。纵观潘菽的心理学历程，他于20世纪30年代后期学习马列主义哲学后深受启发，开始从整体上重视对心理学基本理论的研究，潘菽认为，任何科学的健康发展必须建立在健全的哲学基础之上，而辩证唯物论就是心理学得以顺利发展的理论基础，坚持学习马克思主义哲学和开展心理学基本理论问题的研究，才能从根本上提高心理学的科学性。在其提出的发展我国心理学的四条主要途径中，为首的一条就是"要坚持马克思主义哲学的指导"（《潘菽全集》第一卷，总序，2007：3）。

然而在此之前，潘菽主要从事心理学的实验研究，认为实验获得的结果可以提高心理学的科学性，并希望通过实验研究消除心理学各派别的纷争。1921年，潘菽怀着"教育救国"的思想去美国学习教育学，他发现"美国的教育不一定符合中国国情，用美国的教育未必能解决中国的问题"（《潘菽全集》第一卷，2007：8），而后改学心理学。1923年获得印第安纳大学硕士学位，后到芝加哥大学攻读博士学位，师从卡尔（H. Carr），并在其指导下，完成博士论文《背景对学习和回忆的影响》。在潘菽留美期间，正值行为主义蓬勃发展的时期，这个时期留学西方的第一代中国心理学家，大都受到行为主义的深刻影响，毫无疑问，潘菽自然也受到了这场轰轰烈烈的"革命"洗礼。在攻读硕士和博士学位期间，潘菽对实验心理学课程尤为重视，经常得到"优"的成绩，同时选修了胚胎学、遗传学、动物行为学、神经学、生理学和化学等课程，接受严格的自然科学训练。1927年回国后，潘菽在中央大学任教，在教学之外，主要开展的是实验研究，并取得了一些成果。

一开始就走主流心理学道路，并对实验研究寄予厚望，而后转向基本理论研究，无疑是潘菽学术生涯的一个重大转折。在转变研究方向后，潘菽在心理学理论研究中取得了丰硕的成果，建立了中国特色的辩证唯物论心理学理论体系，为我国理论心理学做出了重大贡献，引领了中国心理学的发展。这种转向背后的深层次原因是什么？本节将围绕这个悬念性问题，运用心理传记学的方法，以《潘菽全集》为基本研究资料，辅以其他相关文献，对潘菽的生命故事进行分析，以探索心理学家的生命故事与其从事研究领域和理论提出的关系。

二、家庭环境与早期教育

家庭是一个人最早接受教育和社会化的环境。家庭环境的性质和特点通常会影响儿童社会性情感、人格品质的发展（谷传华、陈会昌、许晶晶，2003）。对中国当代成就人物传记资料的研究发现，学术界的成就者大部分出身于文化家庭（郑剑虹，2006）。潘菽出身于书香门第，家有"耕读传家，不入仕途"的祖训。曾祖父和祖父分别是清朝道光、咸丰年间的举人，两个伯父都是光绪年间的秀才。父亲秉性耿直、倔强，是村里的私塾先生。潘菽6岁开始在父亲开办的蒙馆里读四书五经，从小天资聪颖，勤奋好学，学习成绩优异。在自传里，潘菽提道：

> 我从六岁起在父亲办的蒙馆里读四书五经。因父亲管教很严,加上可以吃点"偏饭",所以小时候学习成绩不差。(《潘菽全集》第一卷,2007:6)

四书五经乃儒家经典著作,是南宋以来儿童主要的启蒙教育书籍。父亲为私塾先生,文采出众,对儿子教育严格,潘菽的早期教育深受中国传统文化的影响。儿子潘宁堡在回忆父亲时也曾讲道:

> 父亲出身于读书人家。祖父在家里办了个私塾,他要求学生包括自己的子女都好好读书,将来尽忠报国。父亲勤奋好学,记忆力强从小就是出了名的,从小学到中学,年年都是第一名。(潘宁堡、陈绍英,2008)

潘菽在回顾自己六十多年的心理学历程时谈到中学读了不少中国古代思想家的书,对哲学感兴趣,因此,毕业后报考了北大哲学系。潘菽在早期就有良好的教育基础,精神分析理论认为,早期教育带给人们的影响是深刻的、永久的。一个人如果从小就能受到良好的教育,不仅智力资源能够得到很好的利用,而且道德品质也能受到规范化的熏染(林秉贤,1983)。

中国古代没有心理学这一门学科,但古代许多哲学家的言论蕴含着丰富的心理学思想。基于深厚的中国哲学和中国传统文化的功底,潘菽后来对我国古代的心理学思想进行了大量的研究。潘菽认为中国古代心理学思想历史悠久,不乏许多符合科学的光辉独特的思想,如"人贵论""天人论""形神论""性习论""知行论""情二端论""唯物论的认识论"等(《潘菽全集》第一卷,2007:5),与高觉敷主编出版了《中国古代心理学思想研究》(1983)。潘菽一直强调建立中国特色的心理学必须不断发掘我国古代的心理学思想,古为今用。潘菽由实验研究转向心理学基本理论探索,并在我国古代心理学思想研究中取得卓越成就，显然与其早期接受的教育和家庭环境的影响是分不开的。

三、英雄崇拜

英雄是理想人格的象征，英雄崇拜是激发人们学习英雄的心理基础和内化英雄精神、完成人格重塑的重要途径（何其二，2011）。人们通过对英雄的模仿，成长为符合社会期望的有着完善人格的人。阿德勒认为，追求卓越是人类的一种基本动机，每个人的整个生命和精神活动都具有一定的目标性和方向性，这个目标就是追求优越，包含了个人完善、个人成就、满足和自我实现（叶浩生，2004）。英雄作为理想人物，是个体完善自我的标准。个体通过对理想人物的认同、模仿和信奉，去实现理想自我。潘菽自青少年时就崇拜朱熹，这一因素是他走上理论研究道路的一个重要的影响因素。

朱熹，南宋著名的理学家、思想家、哲学家、教育家。在中国文化史、思想史、教育史和礼教史上，朱熹都有着崇高的地位，其影响堪比孔子，后人称其为"三代下的孔子""功不在孟子之下"，后世有"南朱北孔"之说。

潘菽自幼勤奋好学，天资聪慧，在中学时代就读了朱熹的著作。对于一个人生观、价值观逐渐形成的青春期少年，朱熹就是潘菽崇拜和模仿的对象。这位少年不仅是对英雄单纯的崇拜，更是要成为像英雄一样的大人物。在自传里，他说：

在中学期间读过一些先秦诸子和宋明理学家的书及其杂书，当时印象最深的是宋代哲学家朱熹，觉得此人很有学问。当时很崇拜他，并希望自己将来也成为像朱熹一样的"大学问家"。(《潘菽全集》第一卷，2007：7)

此外，在回顾自己的心理学历程时，潘菽再次谈到中学时代对朱熹的崇拜。

> 读中学时，……那时我就已读了不少我国古代思想家的书，尤其喜欢宋代哲学家朱熹的著作，并作诗言志，希望自己将来也能成为像朱熹一样的大学问家。(《潘菽全集》第十卷，2007：260)

可见这位天资聪慧、勤奋好学的少年是多么踌躇满志、意气风发。英雄崇拜的一个标志就是对英雄的认同与模仿。朱熹在《四书集注·论语·学而》里写道："曾子以此三者日省其身，有则改之，无则加勉，其自治诚切如此，可谓得为学之本矣。"朱熹认为学习的根本是"日省吾身"。在这点上，潘菽是完全受其影响的，通过每天写日记来反省自己，以达到学习的目的。在追念五四时代时他就提道：

> 我中学的最后两年已渐受宋儒一派人的影响，每天一早就起身，临睡前记日记，检点自己一天的所作所为。(《潘菽全集》第十卷，2007：200)

这里所说的"宋儒一派人"无疑指的就是朱熹。还有，潘菽在1983年所写的《十靠吟》里提道："教养靠父母，识知靠师友，立志靠前贤……"(《潘菽全集》第十卷，2007：256) 这里的"前贤"同样指的是朱熹。由此可见朱熹对其生命目标的确立起了非常大的作用。

根据埃里克森心理发展的八阶段论，青少年时期（中学时期）是儿童认同发展的关键期，青少年在这个阶段主要的任务在于形成"自我同一性"，即形成健康、发展的自我认同。虽然在现有的文献资料中没有发现潘菽青少年时期陷入自我同一性危机，但仍然存在这样的一种可能：潘菽以朱熹为榜样，通过对榜样的崇拜而实现个人同一性的获得，并将这样的崇拜延续一生。这可以从对潘菽与朱熹的人生经历和思想的比较中窥见一斑。

其一，卓越的教育贡献。朱熹一生潜心研究理学，他广招学徒，长期从事讲学活动，在教育上造诣颇深。再看潘菽，作为一名教育家和社会活动家，对我国的教育事业做出了巨大贡献。在他执教的30年里，为国家培养了大批人才，积累了丰富的教育教学经验，提出了许多有价值的教育主张和教育思想。如"发展适合中国国情的自主和创新教育""给予学生生活的训练和陶养"等，为了我国的教育，潘菽同样付出了一生的心血。从这点看，潘菽似乎走着"心中英雄"的道路。

其二，相似的晚年经历。庆元元年（1195年），南宋朝廷发动了一场抨击"理学"的运动。朱熹被斥为"伪学魁首"，被落职罢祠，遭受党禁。党禁中的朱熹身受百病，生命垂危，为使道统后继有人，以顽强的生命力着手整理文献，抓紧著述，并每日为学生讲授课程，直到口不能言。最后，71岁的朱熹在血雨腥风的"庆元党禁"运动中去世，临死还在修改《大学诚意章》。在中国心理学发展史上，心理学科研和教学工作同样经历过严重的破坏。例如，"文革"时期，心理学被批为"伪科学"，"心理研究所被'砸烂'，大学的心理学专业被取消，许多心理学者被迫改行，我国心理学面临灭顶之灾"（车文博、叶浩生，2009）。在这十年里，心理学的发展处于停滞状态。期间潘菽被打成了"反动学术权威"，70岁高龄的他当时患有心肌梗死，批斗、劳改、游街，疾病和各种折磨随时都有可能夺去他的生命。然而潘菽坚信"心理学作为一门科学是砸不烂的，也是取消不了的。……心理学必将得到新生，前途是光明的"（《潘菽全集》第一卷，2007：14）。在这种信念的支撑下，潘菽利用被批斗和劳改的空隙时间，以写交待材料为掩护，坚持《心理学简札》的写作，完成了五六十万字的书稿。"文革"后出版的《心理学简札》，见证了"中国没有心理学时代的中国心理学"。比朱熹幸运的是，潘菽在动乱中活了下来，最后被平反。不难想象，潘菽肯定对朱熹的生平非常熟悉与了解。面对逆境，潘菽所表现出来的人格、意志与"心中的英雄"何其相似，朱熹就是潘菽心中的那个"理想自我"。

其三，集大成者的理想。朱熹是个集大成者，他以儒学思想为主干，兼取佛、道各家观点，并吸收当时的自然科学成果，构建了一个"致广大，极精微，综罗百代"的集大成的学术思想体系（燕国才，2012）。潘菽留美当时，心理学正值门派林立时期，各派之间纷争不断。潘菽却认为心理学不应该有什么"主义"（门派），以前的种种主义都是前科学时期的一种现象，纯粹的科学是没有主义的，将来的心理学应"另铸术语"，有独立的领域和方法以及一致的观点。非但如此，他更是大胆地认为：

> 心理学的范围实领带一切科学，因为人类的科学研究也是一种心理的现象……因此心理学非但是心理科学的基本，并且是一切其他科学的基本。所以我们可以称心理学为最基本的科学，其位置最高无上。（《潘菽全集》第一卷，2007：95）

虽然后来潘菽意识到这样的观点有问题，可我们不难看出他早期的"集大成"的思想。在深入进行实验研究后，发现实验研究实现不了统整心理学各门派，使心理学成为一门成熟科学的理想，潘菽转向基本理论研究，并选择辩证唯物论作为自己的理论基础，他认为，这样的改变才可能突破心理学流派纷呈的困境。

其四，心理活动二分法。朱熹发展了张载的"心统性情"的思想，依据心的动静状态或体用关系，把心一分为二，静态为性，动态为情。关于志、意与情的关系，朱熹认为志和意都"与情相近"，甚至都"属于情"，即意志与情感都属于意向过程（与认知过程相对）。潘菽的心理学思想最为突出的是心理活动的"二分法"，这与朱熹的心理学思想颇为相似。与传统的心理学"知、情、意"的三分法不一样，潘菽认为情和意是属于同一性质的心理活动,将心理活动分为认识活动和意向活动两大类。同时潘菽将心理分为动态与静态,动为心理过程,静为性格(《潘菽全集》第六卷,2007:5)。从这里可以看出,潘菽的心理二分法明显受到了朱熹思想的影响。

潘菽认为近代传统心理学"意识模糊""人兽不分""心生混淆",受唯心论和形而上学的束缚而导致发育不良(《潘菽全集》第五卷,2007)。然而,潘菽无法通过实验研究解决传统心理学存在的弊病。倘若这些基本问题不解决,心理学的科学性就难以提高,唯有通过对心理学基本理论问题的研究,才能突破研究困境,以此在学问上达到朱熹的高度,在思想上达到朱熹的境界,从而真正完成对英雄的崇拜和模仿,成为"英雄",实现理想自我。因此,英雄崇拜,立志成为大学问家,是潘菽成为中国心理学理论大家的一个重要心理因素。

四、 五四精神

在潘菽的一生中,经历过重大、影响至深的事件莫过于青年时期参加五四运动。五四精神贯穿了潘菽整个心理学生涯,对其思想产生了深刻的影响。

1917年潘菽中学毕业,在大哥潘梓年的鼓励下报考了北京大学哲学系。1919年,由北大的学生发起了一场影响深远、反帝反封建的伟大爱国运动——五四运动。潘菽亲身参加了这场轰轰烈烈的运动,并且是"火烧赵家楼"事件被捕的32名学生代表之一。潘菽在自传中谈道:

> 这场彻底反帝反封建的革命运动促使我考虑一个很严肃的问题,即帝国主义为什么总是欺负我们。……其中一个重要原因就是因为我们的国家太弱太落后了,要想使我们国家强盛起来,必须大力发展教育。(《潘菽全集》第一卷,2007:7)

基于"教育救国"的思想，1920年大学毕业后，潘菽成为了公费留学生，去美国读教育学。到美国不久，潘菽发现美国的教育不一定符合中国国情，在蔡翘和郭任远的影响下改学心理学。在潘菽看来：

> 心理学比教育更带有根本的性质，是一门基础科学，因此学教育不如学心理学……当时的心理学中已有不少派别，……众说纷纭，莫衷一是，与其他自然科学的情况颇不一样。这使我感到心理学还很不成熟。……我下定决心，要为心理学成为一门成熟的、名实相符的科学而做出自己的努力。（《潘菽全集》第一卷，2007：8）

就这样，潘菽走上心理学之路，并立志为心理学的科学化奋斗终生。

从哲学转学教育学，再到改学心理学，如同当时绝大多数的知识分子一样，潘菽的根本目的只有一个，那就是"救国"。毫无疑问，青年的潘菽就已经关注国家的存亡兴败。自此，爱国主义思想根植于潘菽的灵魂之中，他的一生不仅是为心理学贡献的一生，也是为国奉献的一生。潘菽不仅是心理学者，还是社会活动家，无论是在旧社会，还是新中国成立后，始终心怀国家，不懈奋斗。在谈到五四运动时，潘菽说：

> 新的一代青年和中年必须能接上去，把革命前辈和先烈所开创和缔造的复兴祖国、振兴中华的大业继承下来，加以发扬，并一代一代接力下去。这是当前青年以及中年一代无上光荣的历史任务和民族责任。要完成这项历史使命，就要充分继承五四运动一代青年那种壮怀激烈、气盖山河的爱国精神和民族责任感。（《潘菽全集》第十卷，2007：264—265）

潘菽未能在五四运动中走上革命者的道路，但在心理学研究道路上并未舍弃五四精神。对实验研究努力探索之后,发现未能解决中国心理学的发展问题,潘菽苦寻他路。在他个人记忆深处,始终包裹着一个精神内核,那就是"爱国精神"。这也是后来潘菽能够迅速接受马克思主义哲学,并以此为理论基础,开展心理学基本理论问题研究的心理原因。他认为唯有解决心理学基本理论问题,才能提高心理学的科学性,促进我国心理学快速发展。

"中国心理学必须走自己的道路","以辩证唯物论作为方法论,联系中国的实际情况,建立具有中国特色、为社会主义事业服务的理论体系",潘菽提出的这些心理学思想和观点无不体现了五四的爱国主义精神。可见,潘菽青年时期经历的重大事件,不仅会影响其人生观、价值观的形成,还会影响其理论思想的提出。

五、 重要他人

重要他人(Significant Others)是指对个人认知发展、人格形成、行为习惯、生活方式及价值观的形成具有重要影响的人物。重要他人可能是父母、老师、同辈人、历史人物,甚至文学作品中的人物等。潘菽在形成自己的心理学思想过程中,其美国博士生导师卡尔(H. Carr)是不可忽视的一个重要他人。卡尔的人格品质、心理学思想、研究方向对潘菽最终转向理论研究和研究意识问题产生了很大的影响。

1921年春,潘菽抱着"教育救国"的理想踏上了留美征途,先后在印第安纳大学和芝加哥大学获得了心理学硕士和博士学位。在这期间,潘菽接受了严格的自然科学训练,非常重视实验课程,深受行为主义心理学的影响。在《心理简札》自序中,潘菽回忆:

> 我从心理学的引论课读起,此外还补读了与心理学有关的几乎所有可以选读的动物学和生理学以及神经学的课。……所读的心理学课程,尤其

实验心理学的课，都引起我很大的兴趣。在印第安纳大学所读的实验心理学课使我一直不能忘怀。这门课讲得不多，每次只说明要做的实验，所要注意的一些事情，大部分时间用在自己动手做实验上，阅读参考书，并凭自己的体会和理解去整理、论述所得到的结果，加以讨论，认真写出实验报告。对这样学习感到很扎实，在一年的课程中做的实验很不少，获益最多，这样就使我对心理学的专业思想巩固了下来。

我在国外学习的几年正是行为论心理学风行一时的年代。我在国外最初进的是美国加州大学，那时心理学者郭任远正在那里做研究生。他是一个很热心的行为论者。……我进的第二个大学——印第安纳大学教我心理学导论课的康托教授也是接近行为派的，但称自己的心理学为机体论心理学。……在那种风气之下，我也曾一度受到行为心理学的影响。(《潘菽全集》第五卷，2007：8)

潘菽虽受行为主义的影响，硕博期间与回国后早期主要从事实验研究，然而最终没有成为一个行为主义者，潘菽认为自己没有成为一个行为主义者，是受导师卡尔的影响。

到最后转到芝加哥大学心理学系读博士学位时，指导我的导师哈维·卡尔教授，虽然最早和华生是在一起工作的同学和同事，却不同意行为论心理学。他特别不同意抛弃意识。他不止一次说："意识像太阳光，是否认不了的。"他在学术上富于批判精神，不随风摇摆。他使我没有成为一个行为论者。(《潘菽全集》第五卷，2007：8)

在《我的心理学历程》中，潘菽也谈道：

> 我跟从的导师是哈维·卡尔教授。他给我的一种影响是不盲从，不随风摇摆，脚踏实地，对问题富于分析批判精神。他在芝加哥大学心理系和华生是同学，并在那里一起工作了一段时间。华生认为机能论心理学还前进不够，接受了当时流行的机械客观论的影响，在心理学上走向偏重行为的观点，终于创建了他的行为论心理学，抛弃了意识。卡尔则继续守着机能心理学的岗位而有所发展。他时常提到意识和太阳光一样是不可否认的。他的这个论断也提醒了我。（《潘菽全集》第一卷，2007：27）

后来潘菽做了大量有关意识问题基本理论的研究，提出了非常深刻的论述。由此可见，潘菽转向理论研究并在意识问题研究上做出重要贡献，其导师卡尔扮演了非常重要的角色。

六、 战乱岁月

留学归国到新中国成立之前，是潘菽在心理学思想上发生重大转变的时期，也是其转向理论研究的起点。这主要源于两方面的原因：客观上，在艰难困苦的战乱岁月，缺乏心理学实验研究的条件，潘菽被迫转向理论研究；主观上，潘菽政治思想上的改变导致了心理学思想的改变，这是其转向理论研究的重要原因。

1927年潘菽留美归国到南京第四中山大学（即中央大学）心理系工作。在中央大学，潘菽本想专心致志钻研心理学，不去理会政治，想做个"两耳不闻窗外事，一心只读圣贤书"的人，但九一八事变震醒了他，潘菽认识到"再也难以一心抱着心理学而不关心国家大事"。同时蒋介石政府经济出现问题，学校拖欠工资，研究经费和设备经费无法满足，在这样的社会状况，潘菽感觉到了他那种希望通过实验研究以消除心理学派别纷争的想法几乎不可能实现。在风雨飘摇的岁月，潘菽很难以一个纯粹研究者的身份从事学术研究，在

《我的心理学历程》中潘菽谈道：

> 心理学的学派越来越多，还不大像一门科学。我原认为还是要通过实验的方法，好好把心理学的主要问题进行认真完善的实验研究，取得可靠的结果，并感觉各方面有关的科学知识来予以恰当的解释。这样，也许可使持有不同意见的人在科学事实面前得到共同的认识并逐步趋于一致。我回国后的最初几年中仍抱着这样的想法。后来根据我国那时的现实社会情况，逐渐感觉到，我那种想法是几乎完全不能实现的。以后又进一步感觉到，即使我的那种想法有条件能照着做，也未必能得到所期望的效果。（《潘菽全集》第一卷，2007：31）

在自传中潘菽也谈道：

> 在黑暗的旧中国，反动统治者根本不关心科学文化事业，物质条件极差，社会不安定，缺乏一种开展科学工作的气氛和必要的设备条件。（《潘菽全集》第一卷，2007：10）

一方面是社会的条件限制难以进行实验研究工作，另一方面是心理学学派林立，分歧大，这个时期的潘菽对心理学本身的问题陷于彷徨无助的状况，这种彷徨状况，在某种程度上可视作潘菽的一种认同危机。到了1933年，身为共产党人的长兄潘梓年在上海被捕入狱，潘菽在营救过程中开始认识共产党。

> 在此期间，我的长兄潘梓年（此时他已参加了共产党）被捕入狱。在设法营救的过程中我开始接触了党，对党的纲领、性质及艰苦斗争的情况逐步加深了认识，逐步认识到"只有共产党才能救中国"。从此，我认

清了应取的方向,摆脱了纯学术的道路,决心跟着共产党,投身于抗日救国的革命洪流。(《潘菽全集》第一卷,2007:17)

又经大哥介绍,读了列宁的《唯物论与经验批判》中译本,受到启发。

> 似懂非懂地领会到书中的许多论点对心理学很有启发意义。我从这里隐隐约约地看到心理学的出路所在……体会到此后的问题是要把自己的心理学工作作较大的方向调整,到马列主义方面找寻心理学的科学出路。(《潘菽全集》第一卷,2007:32)

对共产党的认识和对马列主义的接触,是潘菽在心理学思想上发生转变的起因。

到了1937年,抗日战争全面爆发,民族危机达到了极点,中国到了生死存亡时刻,整个中国陷入了战乱之中,没有人不关心时事形势的变化,这一时期我国科学研究工作几乎停滞。在抗日战争爆发前夕,中央大学全部迁往重庆,潘菽也随之到了重庆。在重庆的八九年里,潘菽积极投入抗日护国斗争中。在《我的心理学历程》中,他说道:

> 在这八九年紧张生活中,心神自难安定,一天到晚关心的是抗战形势的变化。前半阶段,敌机时常来轰炸,有时夜里也来,使人日夜难安,自然很难谈到研究工作。(《潘菽全集》第一卷,2007:32)

在动荡不安的社会形势下,潘菽更加不可能像在学校里那样从事心理学实验研究。潘菽虽然坚守心理学阵地,但也只能将旧的知识重复着教,与一些同志创办"自然科学座谈会",但是更多谈论的是抗战情况与政治情况,再到后来参与创办"民主与科学座谈会"（九三学社前身），依然是个政治团体。十四年的抗日战争，不仅导致潘菽在政治思想上进一步的转变，也促使其在学术观点上发生转变。

> 经过了抗战的洗礼，自以为变成了一个学术与政治统一论者了。我此时主张不能为科学而科学，也不能为心理学而心理学。不过，学术对政治仍有一定的独立性，否则就难于得到很好的发展。……就我的心理学而论，在八年抗战这个阶段里虽然说不上有所长进，但我的学术观点开始有了转变，对马列主义理论有了最初步的认识。这对我的心理学研究是有相当重要意义的。（《潘菽全集》第一卷，2007：36）

> 通过自学，对马列主义基本原理有了初步的、最基本的了解，并在辩证唯物论指导下，对心理学中长期争论的问题进行了初步的思考、研究，以求为心理学的发展探索一条新的道路。（《潘菽全集》第十卷，2007：262）

这也是新中国成立后潘菽迫切想去了解和学习苏联心理学的重要原因。

七、学习苏联

在抗战时期，基于对马列主义思想的初步认识，潘菽试图扭转我国心理学发展的方向，但在当时的社会环境下，要开拓辩证唯物论心理学的研究是非常困难的。新中国成立后，党和国家为科教事业的发展提供了必要的物质条件，马列主义、毛泽东思想成为国家一切工作的指导思想，也为科教事业的发展奠定了坚实可靠的理论基础。在这个时期，中国心理学进入了一个全新发展的阶段。1949—1957 年是我国心理学全面学习苏联心理学的时期，苏联心理学以马列主义的辩证唯物论为理论指导,当时,全国心理学工作者形成了学习辩证唯物论哲学、巴甫洛夫学说以及苏联心理学的热潮,认为学习苏联心理学就可以建立起唯物主义的心理学,提出了在马列主义思想指导之下、巴甫洛夫学说基础之上改造我国心理学的口号(赵莉如,1996)。

1949年4月南京解放后,潘菽受命参与接管中央大学。9月,潘菽作为中国科学家代表团成员之一去苏联参加巴甫洛夫100周年诞辰纪念活动。这一时期的潘菽主要学习苏联心理学,寻找马列主义与心理学的结合。

> 苏联心理学是以马列主义的辩证唯物论为理论指导的,从苏联心理学中应该可以知道怎样把马列主义和心理学结合起来,所以我自己也积极努力取法于苏联心理学。要学习苏联心理学,必须适当掌握俄文并懂得巴甫洛夫学说,所以我又花了不少工夫学了俄文和巴甫洛夫的条件反射理论。……那时,我一心要比较全面深入地了解苏联的心理学,不再想别的,以期从其中能得到对我心目中的心理学问题的解决有所帮助的东西。所以我在那时可以说是向苏联心理学一边倒了。(《潘菽全集》第一卷,2007:38)

对全面学习苏联心理学,潘菽在后来的回忆中,虽然谈到有些地方似乎过了头,包括涉及心理学的院系调整完全要照苏联的模式办,但通过学习苏联心理学,潘菽进一步树立和明确了辩证唯物论在我国心理学研究中的理论指导作用,解决了自留学回国以来对心理学本身问题思考的彷徨之苦,从理论和指导原则上找到了我国心理学发展和心理学科学化的正确之路,也解决了他中年的认同危机,内心中进一步激起了要成为大学问家的英雄情结。

八、 多事之秋

1958年8月,北京师范大学发起了一场所谓"对资产阶级学术思想的批判运动"。批判的重点之一就是心理学。后来全国许多大城市也跟着开展批判，混淆了政治问题与学术问题的界限，对心理学的某些研究扣上"抽象化""生物学化"的帽子，对一些心理学界老知识分子当"白旗"来批判。直到1960年才得以扭转。对于潘菽而言，这无疑又成了其心理学研究道路上的一个阻碍。

潘菽是受过五四运动洗礼的人，发扬民族精神、振兴中华的使命感已然铭刻于他骨子里。60年代前后，潘菽对于新中国成立后过于依赖苏联心理学导致的弊端也有所思考和认识，经过一番对外国心理学的学习和批判之后，他决定自力更生以自强。正如他所言："我们都是大有作为的。我们也都是有能耐的。为什么我们要做嗷嗷待哺的小孩呢？"（《潘菽全集》第一卷，2007：42）。当他准备要走出一条属于中国心理学的自强之路时。1963年春，潘菽患了急性心肌梗死，几濒于危，住了一年多的医院。出院后，潘菽把在医院中思考的结果分条记录下来，并继续思考，继续记录，写下了两百多条札记。如果说病患是潘菽追求成就的无奈，那么紧接而来的政治动乱则是一场生与死的考验。

"文化大革命"开始后，心理学工作被全盘否定，被污蔑为"九分无用，一分歪曲"的"伪科学"，中国科学院心理研究所和各大专院校的心理学教研室被撤销，大学的心理学专业被停止，实验室被拆毁，有关图书资料遭受勒令禁阅甚至烧毁；广大心理学工作者下放劳动，有的被迫改行，有的还遭到迫害。心理学被定义为"伪科学"，潘菽也被打成"牛鬼蛇神"，然而，在十年动乱中，潘菽没有被打倒，他完成了被喻为心理学"百科全书"的《心理学简札》书稿（陈沛霖，1984）。《心理学简札》采用札记的形式记录了潘菽对心理学基础理论和心理学史有关问题的理性思考，在唯物辩证论的指导下全面梳理了中外心理学理论、学说、流派，勾勒了我国古代心理学思想和新的研究成果，并着重阐述了创建具有中国特色的心理学体系的基本构想。《心理学简札》通盘设想了我国心理学所应该走的道路和可以达到的目标,并勾画了这种发展的蓝图,因而对我国心理学的未来具有极为深远的指导意义,所以被人称作是我国心理科学的"战略学研究"(马文驹,1985)。它不仅是潘菽一生心理学理论探索成果的总结,也是我国理论心理学现代和当代的理论探索成果的总结(车文博、葛鲁嘉,1986)。

在动乱的社会环境下,我国心理学两经劫难,心理学研究被中断,潘菽本人也面临疾病和生命的威胁,但在确立了心理学研究的辩证唯物论指导原则后,潘菽对中国心理学的未来和基本理论问题的思考反而取得了突破性进展。潘菽在困境中凭借顽强的生命力走出一条中国心理学的自强自立之路,构建了具有中国特色的辩证唯物论心理学理论体系。在这个时期,潘菽的心理学理论思想基本形成。

九、 奋力播扬

十年动乱后,我国心理学重获新生,研究工作和教育工作逐步得到恢复和发展。此时,潘菽已近八十岁高龄。为了尽快恢复和发展中国心理学,1977年潘菽组织了全国心理学科规划座谈会,并不顾体弱多病,重新挑起了心理研究所所长和中国心理学会理事长这两副重担,同时还担任《心理学报》主编(1979—1984)。他一方面不辞辛苦地做了大量组织领导工作,同时身先士卒,带头从事研究和著述,大力播扬。在他生命的最后10余年中,共发表论文20多篇,出版著作5种;先后培养了多名硕士研究生和博士研究生;还担任着《中国大百科全书·心理学》编委会主任。正当潘菽辛勤耕耘不断取得成果时,1988年患脑溢血病故,从而结束了他艰难而曲折的心理学历程,时年91岁。在《我的心理学历程》中,潘菽曾说道:

我的心理学历程所能走的道路，并不是现成的康庄大道，而仿佛是山间之蹊径，颇为崎岖曲折，有时还要披荆斩棘……（《潘菽全集》第一卷，2007：24）

挚友金善宝怀念潘菽时谈道：

为了祖国的心理学科学事业，潘老不顾自己体弱多病的身体，经常带着氧气袋到各地去参加学术会议，几年来他撰写、主编了许多心理学方面的重要著作，并亲自主持有关心理学基本理论的研究。(《潘菽全集》第十卷，2007：543)

学生刘范在悼念文中谈道：

直到90岁高龄，他仍旧辛勤工作，经常至夜半两三点不息……在逝世前不久，他的大女儿曾力劝他注意身体，他在一张纸条上写了如下几句话："我专心一志，时间不够用。对自己生活也很马虎，照顾不够是真实，实无办法"寥寥数语，他为心理学事业鞠躬尽瘁的精神，跃然纸上，感人心脾。(《潘菽全集》第十卷，2007：529)

在生命最后的时光，潘菽仍然坚持心理学基本理论研究，并大力推动我国心理学理论研究工作，最终形成具有中国特色的辩证唯物论心理学的理论体系，成为我国现当代极具影响力的心理学理论家，实现了成为大学问家的理想。

十、小结

综合潘菽生命故事的分析，潘菽成为一代杰出的中国心理学理论家的轨迹是：(1)"耕读传家"的家庭环境熏陶与早期教育，为其之后研究我国古代心理学思想奠定了深厚的传统文化根基；(2)对朱熹的崇拜树立了"成为大学问家"的人生目标，在追随英雄的过程中，实现了其自身价值，成为心理学理论研究的大家；(3)五四运动是潘菽青年时代的一个不可磨灭的印记，五四精神决定了潘菽一生的价值取向：为我国心理学事业鞠躬尽瘁，死而后已；(4)在留学生涯中受导师卡尔的影响，始终不放弃对意识的研究；(5)激烈变化的时代和社会环境是潘菽走上理论研究的客观因素，所处时代的主流价值观对潘菽政治思想的影响，导致其在心理学思想上的转变，是其成为辩证唯物论心理学家的主观因素。

第三节　袁隆平院士的心理传记学研究

一、前言

提到袁隆平（1929—2021年），很多人都会自然而然地想到"杂交水稻之父"这个称号，但是大多数人对他的了解也就仅限于此了，在各式各样的媒体报道之下，以至于我们开始形成一种固定的印象：这个面容亲切的老人的笑容和他背后的一大片绿油油的稻田总是会同时出现在人们的视线当中。关于袁隆平的杂交水稻研究进展的相关报道已经是数不胜数了，以至于"袁隆平"与"杂交水稻"这两个词已经变成了一对同义词一样。大部分人更多了解的是中国杂交水稻先进的研究水平、节节攀升的亩产量以及不断"报喜"的研究进展，很少有人真正去深入了解杂交水稻的领军人袁隆平这个人以及他背后的故事。

在我们对袁隆平的资料进行收集的时候，翻阅了几本袁隆平的传记（其中包括一本他的口述自传），发现更多的内容是和杂交水稻的研究历程相关的，从袁隆平发现第一株雄性不育株，到逐步攻克"三系""两系"，再到后来的"超级稻"一期、二期、三期，就连他自己的唯一一本口述自传中，通篇都是讲杂交水稻的研究历程，而涉及袁隆平的个人感情、生活和家庭内容，相比之下少之又少，可以说袁隆平的日常生活就是和杂交水稻联系在一起，水稻就是他的"个人生活"，和普通人不同，工作和研究变成了他的生活方式。

袁隆平在媒体采访时总是会提起他曾经做过的那个"禾下乘凉梦"，梦里，袁隆平种的水稻，长得跟高粱一样高，穗子像扫把那么长，颗粒像花生米那么大，袁隆平和助手们就坐在稻穗下面乘凉。这个梦在我们看来似乎有点儿违背生物科学常理，就像格林童话里的场景一样，是不大可能实现的，那为何却让他执着追求而为之奋斗了一生？这个梦对他有什么特别的意义吗？

袁隆平时常说，这一生不管是做儿子、做丈夫还是做父亲，他都是最不尽责的人，因为常年在外工作，他未能给父亲和岳母送终，母亲病重时他也未能在病床前尽孝，母亲病逝时也没能赶上见她最后一面；妻子邓则患突发性脑炎时，他急急忙忙请假半个月回去照顾妻子，而在平时，家里的担子全是邓则一人挑起来的，三个小孩儿也全是她一人带大。袁隆平曾说忠孝难两全，为了工作，他愧对了家人，他也曾想过，在"两系"杂交稻研究攻关成功后退休，花多些时间陪陪家人，却又在不久之后提出了新的"超级稻"的设想，继续向更高一阶迈进。直到91岁高龄了，依然坚持每天下田，坚守一线，丝毫没有退休或安享晚年的意愿，这种人格中的矛盾着实让人好奇。

艰难曲折、战乱动荡的童年生活环境，并没有给袁隆平留下什么心理阴影，与此相反，他是众人眼中的一个乐观开朗的人，他回忆起的童年生活，大部分都是那些快乐、积极、浪漫的时光。到底是什么铸就了他这样的乐观性格？这其中有哪些重要他人或事件在发挥作用呢？

我们知道，一个科学家取得的卓越成就往往与其独特的人格特点是分不开的。袁隆平作为"杂交水稻之父"，他对我国和世界粮食安全做出了无可比拟的突出贡献，尽管他的名字家喻户晓，媒体无数次报道他的水稻研究进展，对他进行过多次面对面采访，仰慕者纷纷撰写文章歌颂他、为他著书立传，但是基本停留在对他的水稻研究以及他这个人的故事形象性描述，几乎没有人去对他进行深度研究和解读，袁隆平为什么会成为"袁隆平"？这其中有什么必然的因素影响到他的人格形成以及人生发展吗？而我们所想做的就是试图运用"心理学"这一理论武器对这些问题做一个初步的探索和解释，也是对中国院士的成长特点研究做一个小小的丰富和补充。

心理传记学研究的传主通常分为艺术家、心理学家和政治人物三大类，而关于科学家的心理传记学研究至今仍未形成一个独立的研究领域（郑剑虹，2013）。究其原因，一方面可能是科学理论不同于文艺作品和政治言论，外行人很难理解或评价；另一方面，从科学家极为客观的研究成果中反映其内心世界的材料也是极其困难的（应思远，2017）。所以，在杂交水稻研究之外，关于袁隆平的个人生活以及个人情感的相关档案资料就显得至关重要。当然，由于有关他个人生活及情感资料的稀少，我们在对此进行心理学解释的时候也会尽量谨慎。尽管困难重重，但我们觉得所做的探索工作是一件很有意思也很有意义的事情。

本节采用心理传记学的混合研究取向（质量结合模式）对袁隆平的生命故事进行研究。首先，采用内容分析方法评估袁隆平的人格特征；其次，将袁隆平为何毕生孜孜不倦致力于杂交水稻的研究作为一个核心悬念性问题进行探讨，探讨其内在的心理驱动力以及袁隆平的人格及其成因。

二、研究资料的收集筛选、理论解释与伦理问题

尽量广泛而全面地收集有关传主的所有资料是进行研究的第一步。我们所收集到的袁隆平第一手资料包括：自传 2 本、出版专著 6 本、发表的文章和评论 70 篇、访谈文字记录 23 篇、访谈视频 16 个、相关电影 1 部、相片 13 张。

第二手资料包括：他人撰写的袁隆平传记和书籍 28 本、他人评述和研究袁隆平的文章（时间跨度从 1983 年到 2018 年）279 篇。

接着需要对所获得的庞大而繁杂的资料库进行有效的筛选。本节对收集的袁隆平的大量资料先采用成长性关键因素理论进行筛选，然后主要从袁隆平的早期经历、身体自我、情感经历和重要他人这几个方面的相关资料中识别原型场景和心理凸显性指标。

因心理传记研究非匿名的原则以及传主大都为著名人物（甚至在世人物），伦理问题显得尤为重要，本节注意到了这一点。袁隆平作为有世界影响力的杰出人物，我们所收集和分析的资料均来源于公开出版或报道的文献和视频，我们的分析结果也是正面和积极的。

本节根据涉及传主不同的事件和情节，选择适切性和可解释性的心理学概念和理论进行解释，这些理论和概念包括：埃里克森（Erikson，1968）的"自我同一性"危机理论；阿德勒（Adler，1932，2016）的"自卑与补偿"理论；马斯洛（Maslow，1970）的"自我实现论"；鲍姆林德（Baumrind，1991，2005）提出的四种教养方式等。

三、结果与讨论

（一）人格评估结果

选取能体现袁隆平完整生命故事的 2 部传记和自传，按照郑剑虹（1997）编制的 248 个人格形容词表，采用内容分析法对传记材料中出现的人格形容词进行统计分析，共统计出 103 个人格形容词及对应的频数。对有些词汇，例如"自由自在""爱好自由""自由不羁"等意思相近的词语，则以汉语词典中的名词释义为准，对同义或意思相近的词进行频数的合并。获得频数 5 以上的词有：乐观的（15）、无私大度的（15）、自由自在的（12）、随性的（11）、创新的（11）、坚持不懈（10）、坚韧的（9）、积极的（6）、勇敢的（6）、谦虚的（5）、独立思考的（5）、爱国的（5）、自信的（5）等。从初步结果来看，乐观、无私大度、自由自在、随性、创新应该是袁隆平比较典型的人格特征。我们前面对中国院士的研究发现，勤奋、坚持不懈、才华横溢、高创造性、聪慧、坚强、自信、奉献、诚实、有理想、勇敢、爱国、认真严谨、敬业、谦虚、高尚无私、乐观等人格特征词为排在前面的高频词，对潜在科学创新人才的人格特征的研究发现，排在前面的高频人格形容词分别为坚持不懈、创新、不畏艰苦、聪慧、追求卓越、有理想、勇敢、奉献、勤奋等（郑剑虹等，2019）。因此，袁隆平的人格特征与中国科学家群体的人格特征存在共同之处（例如创新、坚持不懈等），但也有其明显的个人特点，例如，乐观、无私、自由、随性等人格词特别突出，而这些人格词在其他科学家身上则并不明显。

（二）童年家庭

袁隆平出生于 1929 年 8 月 13 日（农历七月初九），在北平协和医院降生，之后在北平（北京）度过了一段还算安稳的幼年时光。而仅仅两年之后，中国便爆发了抗日战争，为了躲避战乱，在袁隆平 3—7 岁的这几年里，年幼的袁隆平随父母辗转于北平、天津、赣州、德安和汉口等地。袁隆平本人对此也说得很清楚：

> 我们几兄弟的名字基本上是按辈分和出生地取的。我哥哥隆津，大我两岁，是在天津出生的；老三隆赣，给他取名字的时候，我们家已经离开北平回到江西老家了；四弟隆德于 1932 年出生于德安老家，算是真正的德安人；五弟隆湘，是在湖南桃源出生的。从我们兄弟所取的名字来看，反映出一段迁徙的历史，自我之后算起，可算是在抗战时期举家颠沛流离的历史写照。（陈启文，2016）

可以说，伴随着袁隆平幼年成长的大环境，是战乱的威胁和全家老小长期不断地辗转和迁徙。童年时期举家在各地辗转迁徙的环境下成长起来的孩子，同童年时期一直生活在一个相对稳定的"老家"的孩子相比，他们的性格是有很大差异：前者往往思想较为开放自由，归属感不是很强；后者往往有很强的家乡烙印，同时对家乡以及那里的人文有很强的归属感。弗洛伊德（Freud，1905，2015）认为，幼年时期是塑造儿童性格的关键时期，成年的性格和行为模式往往能在童年时期的经历中找到根源。童年时多次的逃亡和迁徙经历对袁隆平自由自在、随性的性格的形成有重要的影响。

袁隆平的家境还算不错，至少和当时大多数中国家庭相比是如此，祖父那一代再往上几代，曾经是德安的名门望族。袁隆平的祖父盛鉴公曾在晚清时期中过举人，在戊戌变法之后，随着旧式观念改变，变成了清末宪政时期的维新人士，辛亥革命后，在民国初年做过两年"知事存记"，相当于县政府的秘书长或办公室主任，而后又当选江西省议员，做过县高等小学的校长，最后一次升迁，是被委任为文昌县县长。退休之后，他在德安城北门盖了一座规模不小的宅院——颐园，作为辞官之后的颐养天年之园。在童年辗转的那段岁月里，袁隆平一家也曾在德安老家与他的祖父母共同生活过一段时间，陈启文（2016）在《袁隆平的世界》一书中是这样描述的："祖父是位不苟言笑的老者，我们都很怕他，不敢随便讲话。"祖父在教他们读书识字时，孙子们都必须挺直腰杆，正襟危坐，绝不可趴着写字，歪着拿笔，否则，一戒尺就打过来。而二毛（袁隆平的小名）是站没站相，坐没坐相，又加之贪玩不用心，自然没少挨打。

袁隆平的父亲袁兴烈延续了西园袁氏的一脉书香，一路顺遂地念完小学、中学，考上国立东南大学中文系，那是当时首屈一指的大学，民国时期的中国最高学府之一。大学毕业后，他曾担任过德安县高等小学的校长和督学，从1920—1938年一直供职于平汉铁路局。后来因为种种原因，做了爱国将领孙连仲的秘书,再后于1944年调到南京国民政府侨务委员会做事务科科长。

袁隆平的母亲华静,原名华国林,在镇江一所英国教会高中毕业后,一度在安徽芜湖教书。袁隆平(2015)曾这样描述自己的母亲:

> 她是当时少有的知识女性,我从小就受到她良好的熏陶。我的英语是我母亲发蒙的,后来上学,我的英语从来不复习就是高分,我觉得很容易,因为有基础。母亲对我的教育影响了我一辈子,尤其在做人方面,她教导我做一个有道德的人。她总说,你要博爱,要诚实。(袁隆平、辛业芸,2015)

她还有一个妹妹叫华秀林,毕业于协和护士学校,袁隆平在协和医院降生时,他姨妈华秀林当时是协和医院的护士长。

北平协和医院是当时中国最好的医院之一,而且袁隆平的出生是由著名的产科医生林巧稚女士亲自接生的;而相比之下,在20世纪30年代的时候,中国的村镇几乎没有什么医院,接生全靠接生婆,婴儿的死亡率极高。郭久麟(2016)的《袁隆平传》里这样记录道:

> 袁隆平的父亲家道殷实,又有稳定的职业,工资也高,所以袁隆平从小是在很优越的环境中长大的,受到了良好的哺育和家庭教育。

从上面的资料来看,令人惊奇的是,杂交水稻之父袁隆平并非出生于传统的农民家庭,而是出生于一个经济优越、思想先进的知识分子家庭,也正因为此,家里尤其重视对孩子的知识教育。学龄之前,祖父就已经开始教袁隆平读书识字,而他的母亲,则在他小的时候,就开始教他念尼采的书。而无论怎样地颠沛流离,父母亲都决不会耽误孩子们上学念书。从1936年8月起,袁隆平开始了小学到高中的学习历程,他先是在汉口扶轮小学学习(两年);而后随父母辗转到湖南,在澧县弘毅小学学习(五个月);到了重庆,在龙门浩中心小学学习了三年,在复兴初级中学学习了五个月,在赣江中学学习了一年半,在博学中学学习了四年半(其间博学中学校址曾从重庆迁往汉口),最后,在南京中央大学附属高中学习了一年。

父亲虽然时常外出工作,很少有时间陪伴孩子,却由他一个人担起了全家的生计。在中国的旧社会,几乎对所有孩子而言,父亲都是一个严厉的代名词,袁隆平的父亲也是如此,他在教育孩子上有自己严格的规矩,虽然袁隆平在犯错时难免受到处罚,但是袁隆平对自己的父亲还是充满了敬佩和尊重。而母亲是温柔而慈祥的,是袁隆平的思想启蒙老师,每当袁隆平在国际讲坛上谈笑风生,接过一座座奖杯,他总是对人说,这辈子对他影响最深的就是自己的母亲。

尽管几本传记对袁隆平的父亲和母亲的婚姻关系与状况并没有直接的提及,但是从他本人的口述自传以及其他人描写的字里行间中也能明显地感受到,袁隆平父母之间的关系应该十分融洽,原生家庭环境良好。

父亲虽然严厉,却赏罚分明;母亲温柔体贴,教育有方;他们都充分尊重自己的孩子,把他当作一个完整的个体来对待。一个最典型的例子就是,在袁隆平考大学的时候,源于从小的兴趣,他打算选择农学作为自己的人生志向,虽然父亲觉得学理工、医学对前途会很好,母亲也不赞成他学农,说学农很辛苦,当农民要吃很多苦头,但是在袁隆平的坚持之下,父母最终尊重了他的选择,他如愿以偿地进了私立湘辉学院的农艺系。在当时那个时代,能有如此开明的父母实属不易,而放眼现今,依然还有许多专制型的父母替孩子决定大学专业、工作单位甚至是娶妻生子的人生大事。

从资料来看,袁隆平的父母亲的教养方式非常符合心理学家鲍姆林德(Baumrind,1991,2005)提到的权威型教养方式:这是一种理性且民主的教养方式，权威型的父母认为自己在孩子心目中应该有权威，但这种权威来自父母对孩子的理解与尊重，来自他们与孩子的经常交流及对子女的帮助。父母以积极肯定的态度对待儿童，及时热情地对儿童的需要、行为做出反应，尊重并鼓励儿童表达自己的意见和观点。同时他们对儿童有较高的要求，对儿童不同的行为表现奖惩分明。这种高控制且在情感上偏于接纳和温暖的教育方式，对儿童的心理发展有许多积极的影响。这种教养方式下的儿童独立性强，善于自我控制和解决问题，自尊感和自信心较强，乐观开朗，喜欢与人交往，对人友好。

人的性格从出生起就开始逐渐形成，而对我们的性格形成起关键性作用的就是我们的家庭。相比那个年代的许多中国孩子来说，袁隆平可以说是非常幸运的，祖父辈们提供的优越的家境，思想开明的父母提供的浓厚的知识氛围，和谐温暖的家庭关系以及最重要的权威民主型的教养方式，可以说为袁隆平的思想、人格和价值观的塑造打下一个非常好的基础，对他日后的人生起着至关重要的作用。

(三) 中学生涯

从资料来看，袁隆平在博学中学的学习时间是最长的，有四年多，而这段时间恰恰是他13岁到18岁这个时间段，也就是处于埃里克森所说的自我同一性时期，袁隆平曾经也多次表示，在博学中学的学习时光是他印象最深刻、最怀念的一段时光。"我的母校博学中学，一所注重全面发展的中学，既重视教学质量和品德教育，也十分注重文体发展。我读书的时候，老师经常带领学生们开展各种文体活动，使我受益匪浅""我的青少年时期大都是在博中度过的，她是我最感亲切的母校，她给予我培养和教育，对我的成长起了决定性的作用"（袁隆平、辛业芸，2015）。可以看出他对博学中学有很强的归属感。

在心理学研究中，学校教育因素同样被列为人格成因的重要影响因素之一，学校是人格社会化的主要场所，教师对学生人格发展具有导向作用，而学校良好的同伴群体对人格发展具有"弃恶扬善"的作用。青春期是个体生理迅速发育直至达到成熟的一段时期，处在这一阶段的个体在生理、心理和社会性发展方面都出现显著的变化，其主要特点是身心发展迅速而又不平衡，是经历复杂发展又复杂矛盾的时期，因此也被称为"困难期"或"危机期"。埃里克森的人格发展理论认为，人生的第五个发展阶段从 12 岁开始，至 18 岁左右，处在"自我同一性"时期，在这个阶段里，儿童要解决自我同一性与角色混乱或同一性危机的矛盾，为进入成人期打下基础。若危机得到积极的解决，则形成"忠诚"的积极品质，忠诚是对自己的朋友、亲人和生活伴侣承担责任的意愿，也是执着地追求既定目标的能力。

多年颠沛流离的生活里，恰好在袁隆平青春期的时候能够幸运地在博学中学度过一段相对稳定的学习时光，良好的校风和文化底蕴，亲切友善的老师和同学，这都为袁隆平提供了一个非常良好的成长环境，对袁隆平的价值观和人生观形成起着重要作用。

(四) 初恋往事

对于袁隆平那段持续了三年但最后因为出身问题而遗憾分手的初恋，不管是在他自己的自传、别人撰写的传记还是他所接受的访谈中，都有提及这一段经历，但大都只把这当作袁隆平的一段令人感慨和遗憾的往事，以及展现这位伟大科学家钟情浪漫的另一面的有趣故事。这段持续了三年、分手之后袁隆平又苦等了三年的钟情往事，对袁隆平的人生以及他后来的研究生涯产生了重要的影响。

袁隆平在 2008 年接受《鲁豫有约》节目访谈的时候，我们注意到这样一些细节，即在前面讲述童年、小学、高中等一些经历的时候，袁隆平的语言是很流畅、清晰的，而且时不时会幽默地跟主持人开开玩笑，从他的整个人的状态来看感觉是有什么说什么、实话实说，但是，当开始谈起他的这一段初恋情事的时候，袁隆平的神情显得没有一开始那么轻松欢快了，而且言语表达有些支支吾吾、吞吞吐吐，让人感觉若有所思、欲言又止：

> 姓王，后来就谈恋爱了，谈了三年恋爱，1956 年开始，七八九，最后呢……那年是可以……后来呢……就是……她就是……（停顿了几秒）算了……我们就吹掉了……

当主持人问为什么，他这样回答：

> 她是这样子的，就说我们两个出身都不好是吧，出身不好，那就谁也不嫌弃谁那不就最好了吗？那不……那不见得。另外，她找了一个新的，那个人出身比较好，第二他在大学工作，当助教，第三在长沙……这样子她总共谈了三年多的恋爱，她最后呢，就是……（停顿了几秒）就是说算了，我们断了……断了就断了……她原来总是……后来又跟另一个人结婚了……（右手摸着下巴，若有所思几秒钟，发出"呃呃呃呃呃呃"的语气词）……那对我是很大的……我又……算了……她是事先都做好准备的……她原来都会讲……她说我们最好是不要在一起……（又出现了几秒钟的"呃呃呃"的语气词）……她那个时候总是……没有做决断的意思，总是有这个思想……后来就讲了，最好是断了算了……断了就断了啊，无所谓……（注意，这里突然有出现一个转折）……我还是很痛苦的！

从以上的言语中足以感受到袁隆平的情绪状态。后来他讲到，她结婚的头天晚上还来找过袁隆平，没找到，是学校的老师们为了让袁隆平散心把他约出去看电影了；后来第二天，她老公来了，要袁隆平到那里去和他见面，袁隆平有点儿气愤："你们结婚了又何必还要向我示威咯？算了吧，我就不去了。"然而她老公来找了袁隆平三次，叫他过去，袁隆平最后答应了："好，我勉强去一下吧！"到了那里之后，初恋对象便对着他抱头痛哭，她说她一失足成千古恨，后来在多次信件往来中袁隆平总是安慰她，于是又等了她三年，后来知道对方生了小孩了，所以就彻底断了。

在他的自传以及别人撰写的传记中，同样描述了袁隆平当时的痛苦以及苦等了三年无果。而令人觉得诧异的是，当我们观看了袁隆平在 2013 年接受《助跑 80 后》节目的访谈，这时袁隆平再次讲述那段往事的时候，说辞却有所不同了。他这样讲：

> 有个女老师，后来就谈起恋爱了，但是好景不长，最后谈了几年恋爱……她要求进步，而我是自由散漫，她思想比较进步；她出身不好，我也出身不好，她说这样结合不好，因此这样谈了三年恋爱之后，她和另一个人结婚了……很突然的……我那时候就失恋了……算了咯，我无所谓……对我有打击，但是打击不那么深（注意，这里的情绪表达与先前采访的"我很痛苦"有所不同）。

令我们觉得好奇的是，时隔这么多年来了，袁隆平在描述这段经历时情感上仍然很矛盾和犹豫，前一句说着"断了就断了，我无所谓"，后面一句又说"我还是很痛苦的"，而在几年后的采访中又改口了："算了咯，我无所谓，对我有打击，但是打击不那么深。"而节目里采访袁隆平的谢长江（袁隆平的传记作者之一）提及的一个细节引起了我们的注意，他曾经采访过袁隆平的初恋对象，那位女老师对他说，分手的时候，袁隆平说过一番话，让女老师记忆深刻："你看我不起，我出身不好，我要干最大的事业！干第一流的事业！"

(谢长江，2000）可见，这段因为出身问题而最终分道扬镳的感情经历在袁隆平心中产生了深刻的影响。

2016年版《袁隆平传》的作者郭久麟在书中这样讲道：

> 当时袁老给我讲述了他的父母亲、他的夫人、他的三个儿子，讲述了他在西南农学院时对一位女同学的暗恋，特别详细地（注意这里用了"特别详细"一词的修饰词）讲述了在安江农校时的初恋。讲到他的初恋，袁隆平特别动情，眼里闪着晶莹的泪光。

袁隆平曾在大学时代有一个"心仪"的对象，但是直到大学毕业也没敢向对方表白，后来他自己也曾解释说，对于平常的女性朋友，自己是大大方方，而对于自己喜欢的，自己就会很腼腆、说不出话。而即使到了安江农校任职，其间被同事拉着去相过不少的亲，但都因为散漫的性格、打扮太随便、不修边幅以失败告终，而好不容易谈了三年的恋爱，对方却因他的出身不好而选择离开。在我看来，这对当时袁隆平的打击其实是很大的，面对无法改变出身以及女友离去的无能，心底生出的一种自卑感，所以他才愤然说出"要干最大的事业"这一番话。根据阿德勒的理论分析，人追求卓越的愿望是来自人的自卑情结，自卑情结的存在促使人们进行补偿，以追求卓越。这也就解释了袁隆平在接下来的几年都专心致志、一心一意地投入到他的水稻研究当中。谢长江（2000）提到当时的袁隆平说过这样的一段话："不找对象不要紧，搞科研，精力集中在这里，很苦，天天下田。但是，阶段性的成果，豁然开朗，获得无穷的乐趣"。

同时，我们觉得这种因自卑感而进行补偿的心理可作为袁隆平初期研究的动力，但是不能作为他毕生都投身于这个事业并不断创造奇迹的唯一解释。而人本主义心理学的观点以及马斯洛（Maslow，1970）的自我实现论可以很好地给予解释。人本主义心理学家认为，人有追求完美的倾向，马斯洛和罗杰斯则称这种倾向为"对自我实现的追求"，其意指个人努力实现自己的潜能，超越现实的自我，以便变得更加完美，即人性的显著特点是"持续不断地成长"。这一点，可以说在袁隆平一生中各个阶段体现出来：从攻克"三系"到"两系"再到超级稻的一期、二期、三期，每每攻克了一个目标之后，又提出了一个新阶段的目标，即使到了 90 岁高龄了，也依然坚持每天下田，坚守一线，丝毫没有退休安享晚年的意愿。也有人问他为什么，他回答说："这很难说啦，这是人的一个天性，我自己总想往更高的方向奋斗，想攀登，这是一个天性，我不满足。"（袁隆平、辛业芸，2015）根据马斯洛（1970）的需要层次理论，当生理需要、安全需要、爱与归属需要以及尊重的需要这四种需要基本满足后，新的不满足和不安就会迅速发展起来，表现为对自我实现的追求，自我实现的需要是指实现个人理想、抱负，充分发挥自己的潜能，成为所期望的人物的倾向。同时，袁隆平的人格特征也十分符合马斯洛对于自我实现者的描述：准确和充分地知觉现实；自我接受与接受他人；自发、自然、坦率；以问题为中心，而不是以自我为中心；能自立、自制、超越文化和环境的约束；对生活的反复欣赏能力；经常产生高峰体验；对人类怀有一种深深认同、同情和爱的情感；民主的性格结构；具有明确的伦理观念；富有哲理和幽默感；具有创造性。

研究初期遭遇的痛苦的恋爱经历致使袁隆平产生自卑情结，但与此同时，乐观的袁隆平将自己的精力和注意力全身心地转移到水稻研究中去，进行了积极的并且可以说是成功的"补偿"，再到后来，这种积极的补偿得到进一步的升华，成为袁隆平追求自我实现的一个途径。

（五）成长大环境

近年来，许多心理传记学家都强调好的心理传记研究要考虑社会、历史和文化环境对传主的影响（Ponterotto，2014；Fouché，2015）。袁隆平之所以毕生执着于杂交水稻的研究，也与童年和青年时社会大环境的影响分不开。袁隆平出生不到两年，就爆发了抗日战争，可以说，他的整个童年都伴随着抗日战争的开始到结束。

在他的自传里，他这样说道：

> 在逃亡的日子里，我亲历过日本飞机轰炸，亲眼看到了火光冲天、尸横遍野的悲惨景象。一到重庆不久，又经历了"五三""五四"的大轰炸，目睹了江边沙滩上上百具血肉模糊的尸体，一想起来就心里发紧。不过，这场战争也教我从小懂得了一个道理：弱肉强食。要想不受别人欺侮，我们中国必须强大起来。（袁隆平、辛业芸，2015）

同时，在1960年前后，他又经历了国家三年的大饥荒时期：

> 但是吃不饱饭，那真难受啊，也是饿死了人的！我至少亲眼看见5个人倒在路边、田埂边和桥底下，真的是路有饿殍！那种凄惨的场景对我有很大的刺激，让我深切体会到了什么叫作"民以食为天"，深深感受到了粮食的重要性。没有粮食太可怕了！没有粮食，什么都谈不上，什么事情都干不成！粮食是生存的基本条件、战略物资。这对我触动很大，心灵受到震撼！（袁隆平、辛业芸，2015）

从上述深刻的文字描述，足以看到当时的抗日战争以及大饥荒的经历对袁隆平本人的影响之大。这也部分解释了为何袁隆平90岁高龄仍孜孜不倦地追求杂交水稻的高产再高产，以及对国家和民族的忠诚和使命感：

我稍有名气之后，国际上有多家机构高薪聘请我出国工作，但我都婉言谢绝了，这跟人生观有很大关系，如果为了名利的话，我就到国外去了。如联合国粮农组织在1990年曾以每天525美元的高薪聘请我赴印度工作半年，但我认为中国这么一个大国，这么多的人口，粮食始终是头等大事，我在国内工作比在国外发挥作用更大。（袁隆平、辛业芸，2015）

抗日战争以及三年大饥荒在童年和青年袁隆平的心理留下了深深的烙印，正因为曾经深刻地体验过国家危难和屈辱，体验过食不果腹、路有饿殍，以至于他毕生都为粮食增产和强国富民做着积极且持续的"补偿"行动。

（六）重要他人

不管是在自传里还是在各种访谈和演讲中，袁隆平总是对人们说："这辈子对我影响最深的人就是我的母亲。"袁隆平的母亲华静，在镇江一所英国教会高中毕业后，一度在安徽芜湖教书。后来结婚，在生下长子隆津之后，为了更好地培育和抚养孩子，便辞去教师工作，当起了相夫教子的贤妻。她知书达理、贤惠慈爱，能讲一口流利的英语，又喜欢读英文版的尼采哲学著作。无论是在自传里还是在任何场合，只要一提到自己的母亲，袁隆平永远都充满着最深的敬佩和感恩。

在大部分家庭里，通常父亲因为要承担养家糊口的责任，时常需要外出谋生而无法陪伴在孩子身边，所以照顾和抚养下一代的职责往往都是落在母亲这一方，可以说在儿童的整个成长阶段，母亲这一角色起着非常重要的不可代替的作用。许多心理学研究也表明了儿童的人格和价值观的形成与母亲的人格和抚养方式之间有紧密的联系。依恋，是婴儿与主要抚养者（通常是母亲）之间的最初的社会性联结，婴儿是否同母亲形成依恋以及依恋的质量如何，会直接影响婴儿的情绪情感、性格特征、社会性行为和与人交往的基本态度的形成。与母亲形成安全型依恋的孩子在成年后具有高自尊，往往享有信任而持久的人际关系、善于寻求社会支持，并具有良好地与他人分享感受的能力（O'Connell & Russo，2013）。依恋对婴儿整个心理发展具有不可忽视的重大作用。袁隆平发表的几乎所有文章里，只有两大主题：要么就是谈及杂交水稻研究的纯学术论文，要么就是针对国家粮食等的"大问题"发表评论和感想，而此时一篇标题看起来有点儿"突兀"的文章引起了我们的注意——《稻子熟了，妈妈我想您了》，这是袁隆平（2010）在80岁生日晚会上献给去世母亲的致辞，也是给母亲的一封信，全文饱含深情、催人泪下，深深表达了他对母亲的怀念与感恩，与通常时候的客观理智地谈论"大事"形成反差，这是袁隆平唯一一次在公众面前如此强烈地表达自己的内心情感。他在信中这样说道：

> 无法想象，没有您的英语启蒙，在一片闭塞中，我怎么能够用英语阅读世界上最先进的科学文献，用超越那个时代的视野，去寻访遗传学大师孟德尔和摩尔根？无法想象，在那个颠沛流离的岁月中，从北平到汉口，从桃源到重庆，没有您的执着和鼓励，我怎么能够获得系统的现代教育，获得在大江大河中自由翱翔的胆识？无法想象，没有您在我的摇篮前跟我讲尼采，讲这位昂扬着生命力、意志力的伟大哲人，我怎么能够在千百次的失败中坚信，必然有一粒种子可以使万千民众告别饥饿？他们说，我用一粒种子改变了世界。我知道，这粒种子，是妈妈您在我幼年时种下的！

母亲对幼年袁隆平的精心抚养和细心照顾，对他的品德教育、智力开发、安全感的形成和人格塑造起着指路明灯般的积极作用，他的乐观、无私大度的性格，受母亲的影响很大。

四、结论

相比于出生在 20 世纪二三十年代的其他同辈人来说,袁隆平无疑是一个上天眷顾的幸运儿。他有着众多优秀的人格品质,他乐观向上、无私大度、自由自在、随性、创新。经济优越与和睦的原生家庭、父母民主型的教养方式、良好的教育以及慈母的教导与指引,为袁隆平的心灵成长与人格塑造打下了一个坚实的基础。当然,这肯定也离不开他自己的主观能动和个人努力,因此才能从痛苦的恋情挫折中走出来,投身到杂交水稻研究中进行积极"补偿"和"升华",进而完成了一次"自我实现者"的蜕变。对于"自我实现"的追求,正好为他在杂交水稻研究中能够永不停步、勇攀高峰提供了源源不断的心理驱动力。这些同样也离不开那个时代的国情与环境,正是来自各个方面的种种合力,促成了袁隆平成长为一位杰出的"自我实现者",同时这位"自我实现者"以一种积极的实践运动来改造这个客观世界,为人类更好的"明天"做出了伟大的贡献。

第五章 "长江学者"与"挑战杯"全国竞赛获奖者的生命故事研究

本章采用生命故事访谈法对1名青年"长江学者"和3名"挑战杯"全国大学生课外学术科技作品竞赛获奖者的生命故事进行研究,首先对生命故事访谈法这种新的质性研究方法做一个较系统的介绍。

第一节 生命故事访谈法及其分析技术

访谈法是收集质性研究资料的一种主要、常用的方法。访谈法的发展有一个比较长的历史,至今已发展出许多种不同的访谈法。

根据访谈内容的开放程度和资料收集的丰富程度,可将访谈分为**提纲式访谈**与**叙事式访谈**。提纲式访谈一般是在访谈前针对访谈的目的、对象和研究的问题,拟好访谈所要问的问题,在访谈过程中按照访谈提纲所列的问题对受访者进行提问。提纲式访谈包括焦点访谈（Focused Interview）、半标准化访谈（Semi-standardized Interview）、问题中心访谈（Problem-Centred Interview）、专家访谈（Expert Interview）、民族志访谈（Ethnographic Interview）等。叙事式访谈主要是针对受访者的生命史或行为事件进行资料收集的过程。目前，这类访谈法主要有叙事访谈（Narrative Interview）和行为事件访谈（Behavioral Event Interview）这两种。

根据访谈对象的人数区分，可以将访谈分为**个体访谈**和**团体访谈**。个体访谈的受访者一般是一个人，采用一对一的方式进行。团体访谈的对象人数为三人及以上，称为焦点团体访谈（Focus Group Interview）。焦点团体访谈是针对受访团体对某个或某几个问题的共同叙述来收集资料，这种访谈法除了具有叙事访谈的特点外，它突出了收集资料的情境性，即更加贴近日常生活的互动情境。

一、生命故事访谈法

生命故事访谈法（Life Story Interview Method）是收集个体完整生命故事资料的一种质性研究方法，可归属于叙事式访谈这一类。该方法是郑剑虹教授在德国学者弗里茨（Fritz Schütze）教授创立的叙事访谈（Narrative Interview）的基础上，吸收了美国西北大学麦克亚当斯（D. McAdams）教授的自我探索访谈技术，结合思考和实践发展起来的。郑剑虹曾在 2014 年 6 月于台湾辅仁大学和龙华科技大学举行的第三届海峡两岸"生命叙事与心理传记学"学术研讨会的主题报告上对该方法进行了初步介绍，2015 年 4 月和 2016 年 4 月分别于台湾新北和北京举行的首届和第二届华人应用心理学大会的"心理传记学"专题报告上做了进一步的阐述，并分别于 2015 年 4 月在岭南师范学院举行的广东省心理学会儿童、青少年心理援助专业委员会成立会议暨首届学术研讨会、2015 年 6 月在云南师范大学举行的第四届海峡两岸"生命叙事与心理传记学"学术研讨会以及 2017 年 9 月在岭南师范学院举行的中国心理学会心理学质性研究专业委员会（筹）学术研讨会上开设该方法的工作坊。此外，他还接受多所大学和相关学术平台的邀请讲授生命故事访谈法。

（一）生命故事访谈法的程序

该访谈法包括三个阶段：主述阶段、补问阶段和目的性提问阶段。

1. 主述阶段

在该阶段，访谈者只对受访者提一个问题：请您谈谈您从小到现在的人生经历，越详细越好。此后，访谈者不再提问和打扰，只是以温暖、真诚的目光和表情鼓励受访者完整说出自己的生命故事。这个阶段是一种完全开放式的访谈阶段，在该阶段，没有了提纲式访谈中一问一答的情况，对于访谈者如何能做到主要以一种非语言的方式去收集资料以及研究耐性是一种很大的考验。也就是说，对于那些不善或不愿言辞者，您要通过您的不说，让他说出来，并且说得更多；对于那些滔滔不绝的受访者，您要能够耐心地聆听下去，有时甚至您要连续倾听几个小时，哪怕他东拉西扯，也不要去打断他。

这种开放式的访谈不预设任何问题，符合质性研究方法的逻辑和哲学基础。收集的访谈资料越丰富、越完整，对个体的生命就了解越深，研究分析时就可以从不同的角度和目的进行分析。

主述阶段要注意的问题：（1）要克服传统访谈一问一答的习惯。（2）在倾听的过程中，研究者要有耐性。受访者所谈的任何事情都是有用的，不可打断。（3）强调非言语的应用技术，要做到用你的不说来鼓励对方说得更多。例如，当受访者停下来时，访谈者要静静地等待，用鼓励的目光和温暖的表情使对方说下去，直到最终确证访谈对象不说才停止。（4）要注意了解受访者的所思所想和情感体验、心理变化等，而非只关注事件的叙述。

2. 补问阶段

在补问阶段，除了提问来访者略过或没有讲清楚的生命经历外，还要提问以下几个方面的问题：(1) 成长性关键因素（郑剑虹，2014b）。包括亲子关系（您与母亲或父亲的关系怎样？或您与家人的关系怎样？）、身体自我（您是如何看待自己的外表和身体状况的？）和角色楷模（在您的生命中有哪些人对您的影响很大？请详细谈谈）。(2) 核心情节（Nuclear Episodes）问题（McAdams，1996，2001）。包括：a) 高峰点（High Point）（请您详细谈谈您生命中最快乐、幸福的事情？）。b) 低谷点（Low Point）（请您详细谈谈您生命中最痛苦、悲伤的事情？）。c) 转折点（Turning Point）（您认为哪件事情使您的人生发生了重大改变？请详细谈谈）。d) 最早的记忆。e) 最深刻的记忆。(3) 未来的计划、想法和打算。(4) 如何看待自己的人生经历。

补问阶段要注意的问题：(1) 访谈对象的叙述与主述阶段有重复，也不可打断。(2) 访谈对象在回答补问阶段的任何一个问题时，访谈者仍然遵循"只听不说"的原则。

3. 目的性提问阶段（主题提问阶段）

主述阶段和补问阶段的上述12问只是基本的提问，即必须要提问的问题。是否还要继续提问，要根据资料收集是否完整和充足来考虑，有时可能还要考虑研究目的和研究主题来设计需要提问的问题（类似于提纲式访谈，可以事先根据研究需要设计好访谈的问题）。

对于生命故事访谈来说，该阶段不是必须实施的阶段。如果研究是属于一种探索性质，关注对个体生命故事的理解和体验，或新概念、新理论的生成，那么，只要感觉受访者生命故事的资料已收集完整，就可结束访谈过程。如果事先有一个研究主题，那除了完整收集访谈对象的生命故事资料之外，还要根据研究主题，按照事先设计好的问题继续进行该阶段的提问。

（二）生命故事访谈法实施的原则

生命故事访谈是一种开放式访谈，不同于提纲式访谈，在访谈的过程中要遵循以下三条访谈原则：

1. **只听不说**

特别是在主述阶段，这就要求访谈者要有极大的耐性来倾听受访者的生命叙说，要克服提纲式访谈一问一答的习惯，并接受访谈对象所谈的任何内容，哪怕是细小而琐碎之事。受访者所谈的任何内容都是有用的。

2. **以倾听促多说（非言语鼓励）**

强调非言语技术的运用，特别是要以真诚、共情和积极关注的目光和表情来让受访者感受访谈者的温暖，从而使其愿意敞开心扉。要做到用你的表情、姿势等身体语言来鼓励对方说得更多。

3. **受访者不说为止**

有时受访者在叙说的过程中会停断，在主述阶段，受访者都会出现几次这样的停断，有时可能是受访者要清理自己的思路；有时可能是某件事的叙说触动了受访者，需要进行情绪上的调整和平复；有时可能是受访者想观察访谈者对其叙述内容的反应。总之，出现这些停断的状态，访谈者需静静地等待，直到确证受访者不说了才停止。

（三）生命故事访谈法的优势与局限

1. 生命故事访谈与叙事访谈、行为事件访谈的区别

生命故事访谈、叙事访谈、行为事件访谈都属于叙事式访谈，它们的共同点都聚焦于受访者的个人故事和经历。但生命故事访谈不同于后两者，主要表现在以下四点：

（1）生命故事访谈一般不预设研究目的或主题，比较符合质性研究的逻辑和本质。叙事访谈和行为事件访谈都要根据研究者的某个研究主题和研究目的来收集受访者的资料，而生命故事访谈事先没有预设的研究主题，它通过收

集访谈对象完整的生命故事资料，不同学科的研究者可从本学科的视角出发对资料进行分析，生发出与本学科相关的研究主题及其相关概念或理论。

（2）生命故事访谈以收集受访者完整的生命故事资料为核心目的，更有利于新概念、新理论的生成。因叙事访谈和行为事件访谈受研究者研究目的和研究主题的限制，其收集个体生命故事的资料是有限、不完整的。而生命故事访谈以收集受访者完整的生命故事资料为出发点和归宿，因此，对受访者生命发展历程的把握就比较清晰，因其资料的丰富性和完整性，有助于研究者进行深入的分析，从而有利于新概念、新理论的生成。

（3）生命故事访谈不仅关注受访者生命故事的事件叙述及其生命发展历程，同时也关注受访者生命发展过程中的情感体验和心理变化。生命故事访谈法产生于心理学的研究，因此，它比较关注受访者在叙述过程中的情感体验和心理变化，其访谈过程会注意细节性的问题，包括受访者在讲述自己生命故事过程中的非语言的变化，如面部表情、身体姿势等，并要求做好相关记录。

（4）生命故事访谈具有相对的灵活性。生命故事访谈一般不预设研究主题，但有时也可预设研究主题，但需要在收集访谈对象完整生命故事资料的基础上，进一步根据研究主题和研究目的进行提问，以收集和研究主题相关的资料。这样的研究和资料收集兼有提纲式访谈和叙事式访谈的特点。

2. 生命故事访谈法的局限和存在的问题

（1）受访者的适切性问题。因生命故事访谈需要受访者完整讲述自己的生命故事，而这会受到访谈对象的年龄、文化程度、口头语言表达能力和性格的影响，因此，并不是所有的研究对象都适合采用这种方法来收集资料，特别是对于年龄比较小的儿童，甚至，研究对象虽有较为丰富的人生经历，但基于表达和性格原因，也可能无法收集足够的资料进行研究，此外，对某些障碍类别的特殊人群也不适用。

(2) 叙述的真实性问题。在叙述自己生命故事的过程中，受访者可能会回避一些敏感性问题，甚至会对一些事情的叙述进行扩大化、虚构化的处理，这些都会影响资料收集的可靠性和有效性。此外，访谈地点的选择、访谈时间的安排、访谈者和受访者之间的关系以及受访者当时的心境，都有可能对叙述的真实性产生影响。

(3) 大量文本资料的处理问题。相比于叙事访谈和行为事件访谈，生命故事访谈在这个方面的问题尤为突出。生命故事访谈力求收集受访者更多的生命故事资料，因此，在将录音转录为逐字稿时，会产生大量的文本资料，在转录时不仅会耗费大量的时间，而且如何处理和分析大量的文本资料是个棘手的问题，要花费更多的时间和精力，特别对初学者来说更是如此。因此，如何进行生命故事分析以及开发相应的计算机软件就显得尤为重要。

(4) 研究伦理问题。生命故事访谈需要收集受访者生命故事中的细节性资料，会涉及访谈对象大量的隐私性事件，这种策略和做法是否符合研究伦理是需要考虑的。此外，在发表研究报告时，如何进行技术性的处理以避免对受访者的不利影响或伤害也是要重点考虑的伦理性问题。

(四) 文本的产生——逐字稿转录

在征得访谈对象同意的情况下，访谈过程要全程录音。访谈结束后，要及时将录音资料按照生命故事访谈逐字稿转录范本（见附录2）进行文字转录工作。转录范本中右边有一栏为"备注"，作为记录访谈过程中观察到的受访者的表情及其他身体姿势语言。因此，在访谈过程中，认真倾听的同时，要观察受访者的表情和其他非言语状况，并给予记录，同时，要注明是在听到哪句话时，出现该非言语行为的。转录范本中的最左边是行号（序号），每行以30个符号为宜（含标点符号）。标注行号是为了便于分析时，能迅速找到所要分析语句的位置。此外，访谈对象的基本情况也需要在访谈的过程中给予记录，以备分析时做参考。逐字稿的内容包括语言、非语言和语气助词等，完全是原汁原味的。其转录工作是一项细活，要完成一份逐字稿的转录，其所花的时间往往是访谈时间的数倍。

二、生命故事分析

美国西北大学的麦克亚当斯教授从 20 世纪 80 年代中期以来，通过访谈大量的美国人主要是美国白人的生命故事，提出了一套研究生命故事的概念、方法和理论模型。麦克亚当斯（McAdams，2001，2005）认为可以按照以下几个方面来解释、分析、理解生命故事：(1) 叙说的基调（Narrative Tone）。基调涉及的是一个故事中情绪的总体性质，例如，叙说的故事是以积极情绪为主要情感基调（如乐观），还是负面情绪为主要情感基调（如悲观）。(2) 主题（Theme）。主题有两类：个人行为主题（Agency）和集体主题（Communion）。前者与成就、权力一类的东西有关，后者与爱、友情、团体一类的东西有关。(3) 思想背景（Ideological Setting）。这指的是个体的宗教、政治、伦理方面的信仰和价值观。(4) 核心情节（Nuclear Episodes）。其指在个体生命故事中以某种醒目印记凸显出来的特定情节，包括：高峰点（High Point）、低谷点（Low Point）、转折点（Turning Point）、最早的记忆、重要的童年记忆、重要的青少年期记忆、重要的成年期记忆。(5) 意象（Image）主要指一种理想化的、由文化塑造的自我人格。个体的生命故事可能不止一种意象，每个意象都表明了它自身的价值观、信念、目标和作用，可分别在生命故事的不同部分起主导作用。(6) 叙说的复杂度（Narrative Complexity）。与简单的生命故事相比，复杂的生命故事包含了更多的情节和角色，并且有更多明显的特色。

在借鉴西方相关理论和研究的基础上，郑剑虹等研究者采用生命故事访谈法对农民工、吸毒人员、企业主、教师、家庭主妇、大学生的生命故事进行了系列研究，在此基础上，结合中国文化的特点，提出了中国人生命故事分析的方法，即分别从生命篇章、关键事件、重要他人三个方面进行生命故事主题分析、基调分析、认同分析和人格分析。

(一) 生命故事主题分析

中国人的生命故事主题有三种：修身主题、人伦主题和事功主题。修身主题是针对个体自身，从自身的性格陶冶、道德修养、心理素质提升的方面来讲。人伦主题涉及人与人之间的关系，属于亲情、友情和爱情等情感方面的主题，包括朋友（同事）关系、夫妻关系、血缘关系、尊卑关系（上下级关系）等。事功主题包含两层含义：一是为国家和集体的利益而努力奋斗，建立功绩和功勋（社会事功）；二是为个人的发展而努力，取得成就和功业（个人发展事功），它是一种有较为明确的目标、任务和职责的人生发展追求。

按照上述三个主题，找出访谈对象叙说的个人生命故事中，哪些地方讲到了修身主题（按照性格陶冶、道德修养、心理素质提升三个方面）；人伦主题[按照朋友关系、夫妻关系、血缘关系、尊卑关系（上下级关系）四个方面来分析]和事功主题（按照国家社会事功和个人发展事功两个方面分析）。找到这些表述的句子或段落进行内容分析，并了解个体在不同人生发展阶段的主题变化。

(二) 基调分析

主要对生命故事中涉及的情感、情绪的词（含积极词、消极词）进行内容分析，统计这些词的多寡和出现的频率，以此判断个体在叙述自身的生命故事时，其基调如何，亦即生命故事的基调是悲观的，还是乐观的，是充满希望的，还是失望的，等等。同时，了解个体在不同生命发展阶段的基调变化。

(三) 认同分析

主要从自我认同的角度进行以下四个方面的分析：(1) 自我接纳。表现为对过去自我、现实自我、身体自我、关系自我等所有时空、关系维度上自我的认可和接纳。(2) 自我连续性。强调自我的时间和空间之维，表现为过去自我、现在自我和未来自我是联系在一起的，多重自我的和谐；生命故事清晰而协调，个体自身没有矛盾或很少出现自我矛盾和冲突。(3) 自我意义。生命故事富有价值感和意义感，具体表现为对个人、家庭、集体和社会的责任感和贡献。(4) 自他关系和谐。强调自我的关系之维，表现为自我与他人之间的关系是和谐而融洽的，与他人没有对立和冲突。

也可以从职业认同的角度进行分析。个体的职业认同过程往往能从某个侧面上反映其自我认同的发展过程。个体职业认同的发展过程可以从以下四个方面进行分析：(1) 职业意识。指对自己所从事职业的基本认识、基本态度以及符合职业基本要求的行为倾向。(2) 职业接纳。涉及对所从事职业的喜爱、认可和责任感，主要表现为一种职业的情感特征。(3) 职业和谐。这是一种时间维度上的心理特征，表现在职业认识、态度和行为上的前后一致性和连续性，没有冲突和矛盾。(4) 职业意义。深刻认识到职业对社会的价值和意义，并愿意为之奋斗终生。

从职业意识、职业接纳、职业和谐到职业意义是一个逐渐递进的过程，反映了个体职业认同发展的不同水平或不同阶段。

(四) 人格分析

个体的人格包括意识和潜意识两个层面。意识层面的人格特征可以从言语方面得到反映，有一些权威的人格测验问卷是在对自然语言的收集和统计处理的基础上编制而成的，例如卡特尔16种人格因素问卷。国内外许多心理学家对本国语言中反映人格的词进行收集，并通过因素分析，将这些人格形容词进行归类，制作成人格形容词表，作为测量人格的工具。因此，我们可以采用这些人格形容词表进行受访者人格的分析。潜意识层面的人格特征往往采用精神分析方法来探究，这种分析需要建立在收集和掌握受访者翔实的生命故事资料的基础上，因此，对于年轻和人生阅历浅的访谈对象，此方法的运用会受到一定程度的限制。精神分析方法通常适用于对历史名人的人格分析，即心理传记学研究。

第二节 青年"长江学者"的生命故事研究

在第三章中我们采用内容分析法与历史测量法等量化分析技术对"长江学者"这一群体的成长特点进行研究，本部分主要采用质性研究技术，选取1名青年"长江学者"进行生命故事访谈，以深入了解"长江学者"成长过程中的重要事件、重要他人、家庭因素对其成长的影响，并探讨其人格特征。

一、研究方法

（一）访谈对象基本情况

访谈对象于 2016 年当选教育部"长江学者奖励计划"青年学者。父母为工人和教师，家庭氛围和谐。三岁前随爷爷和奶奶住在农村，三岁后回到父母身边进入县城城关的幼儿园学习，小学和中学都在当地最好的学校之一就读，初中成绩特别突出，每次考试都排年级前几名，担任班长并入团，深受老师喜爱，中学毕业后考入一所 211 大学，大学四年级时突然萌发考研究生的想法，通过详细思考和分析，攻读本校研究生，并在研究生二年级申请直博成功，其间因导师调离学校，转由另一个老师指导，但自己坦言两位导师都对其产生了积极影响，博士毕业后到一所普通本科高校任教，其间获批两项国家基金，教学与科研能力得到学校领导的重视。任教三年后，转到北方一所大学任教至今，得到重用，并当选教育部"长江学者奖励计划"青年学者。

（二）访谈过程与转录

访谈时间为 2017 年 12 月 17 日 14 点 20 分至 15 点 50 分，共计 89 分 21 秒。访谈者为本书作者，访谈开始时，双方关闭手机，在无人打扰的安静状态下连续完成近 90 分钟的访谈。在征得受访者的同意下，对访谈内容全程进行录音。2018 年 1 月 28 日，在本书作者的指导下，由作者的学生根据生命故事访谈逐字稿转录范本对访谈录音进行转录，转录形成的逐字稿共 835 行 25900 字。

（三）资料分析与处理

采用生命故事分析方法对访谈对象进行生命故事主题分析，选取其人生成长过程中的关键事件和重要他人进行基调分析与认同分析，并对其整个生命故事进行人格词和情绪词的词频统计，以了解其人格特征、情绪基调、成长特点及影响因素。

二、研究结果

（一）生命故事主题分析结果

选取青年"长江学者"主述部分的内容进行生命故事主题分析，该部分访谈的逐字稿共 687 行，20610 字。将主述的生命故事分为童年、中学、大学（含研究生）、工作四个人生阶段。对每个人生阶段呈现的修身主题、人伦主题、事功主题及其各自所属次级主题的内容，以行数为单位进行统计分析。结果见表1。

表1 青年"长江学者"生命故事的主题分析结果

人生阶段（主述部分）	修身主题		人伦主题					事功主题		行数合计
	性格心理素质培养	道德修养	血缘关系	夫妻关系	朋友同学关系	尊卑(上下级)关系	师生关系	社会国家事功	个人发展事功	—
童年	—	—	22	—	14	—	12	—	15	63
中学	14	—	13	—	19	—	28	—	137	211
大学（含研究生）	—	9	—	—	11	2	28	—	114	164
工作	—	5	2	2	—	8	14	—	86	117
合计	14	14	37	2	44	10	82	—	352	555
主题行数/总行数（%）	28/687 (4.1%)		175/687 (25.5%)					352/687 (51.2%)		555/687 (80.8%)

从表1可知，在叙说的生命故事内容中，能够体现生命故事主题的内容占80.8%。在该"长江学者"的人生发展过程中，生命故事主题以事功主题为主（占51.2%），其次是人伦主题（占25.5%）。从不同的人生阶段及其反映的主题来看，其童年阶段主要以人伦主题为主，但开始出现事功主题；中学阶段开始出现修身主题，同时反映事功主题的内容急剧增多，并占据主导地位；大学和研究生阶段，仍然以事功主题为主，人伦主题的内容有所下降；工作阶段，反映人伦主题的内容继续下降，事功主题的内容也有所下降，但该阶段仍然以事功主题为主。

在人伦主题的各次级主题中，师生关系主题的占比最高，其次是同学朋友关系主题和血缘关系主题，夫妻关系和上下级关系主题很少。从不同人生发展阶段来看，师生关系主题的内容一直占比较多，血缘关系主题除了在童年和中学阶段占比较多外，在大学和工作阶段则很少出现。

(二) 人格与基调分析结果

对全部访谈逐字稿（25900 字）的内容进行基调分析和人格分析，基调分析采用统计逐字稿中的积极情绪词和消极情绪词出现的频数，人格分析则统计逐字稿中的积极人格词和消极人格词出现的频数。基调分析与人格分析均按照童年、中学、大学和工作四个阶段进行统计分析，结果见表2。

表2　青年"长江学者"的基调分析与人格分析结果（括号中为频数）

人生阶段		情绪、情感类词	人格形容词
童年	积极（11）	满足（2）、幸福（1）、温暖（1）、幸运（1）、沾沾自喜（1）、惊喜（1）	进取（3）、自信（1）
	消极（2）	吃力（1）	挑剔（1）
中学	积极（14）	轻松（3）、惊喜（1）、幸福（1）、开心（1）	自信（3）、努力（2）、聪明（1）、耐心（1）、进取（1）
	消极（4）	郁闷（1）、难受（1）、迷茫（1）	粗心（1）
大学（含研究生）	积极（18）	成就感（3）、开心（1）、幸福（1）、爽（1）、充实（1）、轻松（1）、乐意（1）	进取（6）、自豪（2）、有信心（1）
	消极（5）	迷茫（1）、惆怅（1）、无奈（1）、郁闷（1）、担心（1）	—
工作	积极（7）	充实（2）、成就感（1）	自豪（2）、诚信（2）
	消极（1）	累（1）	—

从表2可以看出，在该"长江学者"叙说的生命故事中，无论是积极情绪词还是积极人格词的数量及其频数，都显著超过消极情绪词和消极人格词，总体上看，积极词的数量和频数分别为31和50，消极词的数量和频数均为12。从其情绪词来看，排在前面的三个高频词依次为成就感（4）、幸福（3）、充实（3）；从其人格词来看，排在前面的三个高频词依次为进取（10）、自信（4）、自豪（4）；从其人生发展阶段来看，每个人生阶段的积极词数量和频数也多于消极词的数量和频数。总之，该"长江学者"的情绪基调是幸福的，

人格是进取自信的,整个生命故事呈现积极的基调。

(三) 关键事件分析结果

通过反复阅读逐字稿,确定了影响该青年"长江学者"发展的 9 个关键事件,对关键事件进行基调分析、认同分析与生命主题分析,结果见表 3。

表 3 关键事件分析结果

关键事件	情绪基调	示例	认同状况	示例	生命主题	示例
(1) 小学第一次考试母亲的鼓励	开心,沾沾自喜	"第一次考试,然后也对分数没有太多的概念,回来就说,我考了 60 分,我母亲说不错,及格了,哈哈哈(笑)。"	认同	"我这个印象很深,她是一个很正面的反馈"	人伦主题(血缘关系)	"其实后面当我知道这个分数其实并不怎样的时候,但是当时我不知道时候,至少她给了我很多一些正面的引导"
(2) 爷爷去世	难受,难过	"所以他去世的时候我觉得特别的难受"	不认同	"觉得这个有些东西失去了之后就不能再回来了"	人伦主题(血缘关系)	"感觉还是人生的这个,很苦很短暂"
(3) 小学升初中,抓阄抓到排第二的初中	不满,无奈	"我就抓到第二好的学校去" "当时刚开始的时候还觉得运气不好,大家其实都想到最好的去"	由不认同到认同	"当时刚开始的时候还觉得运气不好,大家其实都想到最好的去" "但是渐渐其实,去上学嘛,真正去读了的话,也觉得也没什么"	事功主题(个人事功主题)	"我进去之后在班上按成绩排名的话,应该还是属于前几"
(4) 初中第一次期中考试班上第一名	开心,有成就感,自信	"我们班我这是第一" "在全年级我也排到前五六位"	认同	"给自己的有很大一个惊喜,觉得,嘿,自己还挺厉害"	事功主题(个人事功主题)	"我这个兴趣就来了,然后比以前真的要认真一点儿" "也比较努力一点儿"

(续表)

关键事件	情绪基调	示例	认同状况	示例	生命主题	示例
(5) 乱填高考志愿录取到师范大学某某专业	郁闷，排斥，落差很大	"录取到这个觉得很郁闷，家里头也觉得有点郁闷""那个时候落差很大的，有很强的排斥。""而且曾经还想过要转学"	由不认同到认同	"我的愿望里我没有想到要当老师的那种""本来学校也是全国重点的，也还是很不错的""后面发现也没有那么差"	事功主题（个人事功主题）	"我是大家选上当班长的，也开展一些活动，觉得挺有成就感""大四我去实习当辅导员，（全院）也就推荐两个人去"
(6) 研究生时期更换导师和研究方向	陌生，挑战感	"这是对我是很陌生的""对自己来说还是蛮有挑战的"	认同	"我还记得当时要转变""我那个努力吧，看看行不行""我还是能够适应好的"	事功主题（个人事功主题）	"在北京做实验，回来把它写成英文，后来也被（刊物）接收了""一起在地下室，然后做实验，发文章"
(7) 连续两次获批国家基金	鼓舞，有成就感	"也挺鼓舞的""以前在这所学校还没有人拿到过那种基金的"	认同	"觉得学术还是做得不错的嘛""可能就得到认可就更多了嘛"	事功主题（个人事功主题）	"交办的事情都是，应该说是有板有眼地在做嘛""做了很多事情"
(8) 去北方一所高校任职	纠结	"因为也很纠结"	逐渐认同	"自己（在原单位）的显示度很高""它（新单位）平台更高一点儿"	事功主题（个人事功主题）	"基于从个人学术发展的角度""学术上还是想有一些追求"
(9) 两年后有机会去南方，但选择继续留在北方高校工作，后入选青年长江	充实，累	"但是精神上是很充实的，身体上还是有点儿累"	认同	"学校领导很重视，然后也委以重任""入选了'青年长江学者'，还是挺幸运"	事功主题（个人事功）	"研究一直也是在做，反正认真在做，也在思考一些有没有新的突破"

关键事件是影响个人发展的重要变量。从表3可以看出，9个关键事件贯穿研究对象的童年、中学、大学和工作的所有人生阶段。其中，7个关键事件与事功主题有关，2个关键事件涉及人伦主题；面临关键事件时有积极的情绪体验，也有消极的情绪体验，但积极体验多于消极体验；这些关键事件与亲人、学习和工作相关，其中有成功体验的关键事件，有面临抉择的关键事件，也有不如意甚至难受的关键事件。

(四) 重要他人分析结果

仔细阅读访谈逐字稿，确定了5个影响研究对象人生发展的重要他人，对这些重要他人与研究对象的关系进行基调分析、认同分析与生命主题分析，结果见表4。

表4　重要他人分析结果

重要他人	基调	示例	认同状况	示例	生命主题	示例
(1) 幼儿园班主任	感动，温暖	"这个都是很温暖的记忆""有时候把身上打湿了，他还把他小孩的衣服给我换到我身上穿哪"	认同	"那几位老师，他们还是很有爱心的，也很关心学生"	人伦主题（师生关系）	"对我这么好的话，对我影响就很大，觉得这个世界上这种善良的人还是很多的"
(2) 小学班主任王老师	感激	"那个男老师班主任在小学四五年级对我们的影响就比较大，他是语文老师，教学很好，管理也很不错"	认同	"那个王老师，很有才华"	修身主题（性格心理素质培养）；人伦主题（师生关系）	"让我们思考问题，要从多个角度，也会对我们影响比较多，对一件事情不能太极端了"

(续表)

重要他人	基调	示例	认同状况	示例	生命主题	示例
（3）研究生导师刘老师	郁闷,感激,自豪	"像刘老师啊,这些也是,这个影响很大的,通过她的课呢,对研究产生了兴趣""但是毕竟我们那个时候不像其他人能够经常见到自己的老师,还是觉得很郁闷""老师其实也会有邮件指导,回来时也会召集我们"	认同	"刘老师是教授博导嘛,而且她的博士论文是全国优博嘛。"	事功主题（个人发展事功）；人伦主题（师生关系）	"然后刘老师把这个东西留给我,然后让我整理一下,写个文章,写完之后还发了个中文核心""也觉得还很有成就感"
（4）母亲	快乐,温暖	"我母亲说不错,及格了,哈哈哈（笑）。那时候其实也不知道。自己还很沾沾自喜"	认同	"可能是我母亲因为也是当过老师的嘛,她是很有耐心的"	人伦主题（血缘关系）：	"至少她是给了我很多一些正面的引导""有很多事情是跟母亲沟通得比较多一点儿""跟母亲一直都比较好,母亲比较有耐心,在教育方面可能手段也比较柔和"
（5）爷爷	怀念,难受,感悟	"但是这些已经不可能再产生新的这种,就不可能再重新回到,或者再次经历这些事情""所以他去世的时候我觉得特别难受""所以就感觉还是人生的这个,很苦很短暂"	认同	"经常也是回来就带我,我来了他就要干活儿嘛,就是带我带得比较多,对我也很好"	人伦主题（血缘关系）；	"但是爷孙关系一直都很好。""我觉得有些东西失去了之后就不能再回来了"

从表4可知，对研究对象产生重要影响的人物包括亲人和老师，亲人包括母亲和爷爷，老师包括幼儿园老师、小学老师和研究生导师。其实在访谈中，研究对象还谈及初中地理老师和另一位研究生导师也对他产生了一定的影响，说明老师对其影响是比较大的，涉及人生发展的不同阶段。研究对象内心对这些影响他的重要人物是高度认同和接纳的，在情感上充满感激、感动和温暖，这些重要他人对其成长和良好性格的塑造产生了积极影响。

三、讨论分析

(一) 青年"长江学者"成长的特点

1. 关键时期的稳健务实抉择与机遇把握

从研究对象生命故事中的关键事件可以看出，研究对象有几次面临升学与工作的抉择，例如，在大学四年级决定考研究生面临时间紧张的情况下，在了解自己兴趣和实际的基础上，能够审时度势、务实分析，从而顺利考取了本校相邻专业的研究生。研究对象在访谈中说道："明显好一点儿的肯定就是华东师大，最好的当然是北师大，其实也有过考虑。但是想自己的时间有那么一点儿比较紧张嘛，最后还是从那个为了能够提高命中率的角度，还是选了一个就考本校算了，因为就几个月的时间准备，而且那个时候英语和政治好像是统一考试的，专业课是各个学校出的。我想一下，专业课好像是自己学校出，觉得还可以看一看前些年的那种考题，觉得有信心一点儿。"此外，在研究生二年级时，研究对象也能够把握机遇，抓住自己所学专业第一次有硕博连读的机会，申请直博成功。从工作抉择来看，研究对象最初在一所普通本科高校工作，三年时间取得了很大成绩，得到了单位领导的赏识和信任，当面临有机会到更高水平的大学工作时，能够从学术发展的角度分析利弊，最终选择去北方的一所高校任教，但同时也兼顾原单位的工作。在北方高校工作两年后，又一次面临工作的抉择,即是否要到南方一所高薪资大学工作,再次能够从学术发展、领导重用和支持、做人诚信和个人发展的角度全面分析,做出了稳健务实的抉择,决定留在原来学校继续工作,最终获评"长江学者奖励计划"青年学者。正如研究对象说的:"我们这个骨干啊,还是想尽量留住一些,这样的话它这个学科还不至于啊,……但一走的话万一都一下垮,那也挺麻烦的。然后这种,最后呢,学校领导很重视,然后也委以重任。……如果再换个地方的话,又要折腾几年,而且在这里几年我觉得年轻还比较关键的时候,还可以继续努力的时候,继续往上走的时候,就后面就没有想那么想,去换那些地方啊或者工作啊。"这些抉择与机遇把握的成功,与研究对象的修身主题、事功主题和人伦主题的特点分不开,即研究对象注重人伦关系以及具有积极进取、努力工作、诚信自信的人格特征。

2. 生命中强烈的事功主题

从上述研究结果可知,研究对象的事功主题占比为 51.2%,大大高于人伦主题与修身主题。如果按照所叙说的生命故事中能够体现生命主题的内容的比例来看,事功主题在生命故事主题中的占比高达 63.4%。这种强烈的个人发展事功主题在研究对象的童年时期就已表现出来,并贯穿于所有的求学阶段和工作阶段,且在各个阶段的生命主题中的占比都是最高的。因此,使得研究对象不仅在小学、中学、大学和研究生等各个时期的求学阶段成绩优异,深受老师的喜爱,而且在工作时期,学术成就突出,深受单位领导的赏识和重用。我们前期的研究发现,杰出科学家均具有强烈的事业心和进取心,特别对于他们所热爱的学术事业有强烈的兴趣和追求(郑剑虹等,2014)。在他们的人生追求(生命故事主题)中,做出学术贡献永远是放在第一位的。正如,该青年"长江学者"在访谈中说道:"还是想把自己的研究继续,就是好好做一做,因为自己还是对做研究很感兴趣,是真的还是觉得很喜欢做这样一件事情,在这个过程当中能享受到快乐的那种。然后再培养一下,带一带学生啊,我觉得这件事情是很舒服的。另外呢，也希望自己呢，能够在研究的这个水平上再继续往前走，希望再进一步。还希望就是有更高的追求，就是希望自己一天一天或者一年一年，还在不断的进步，然后在这个过程当中，去享受这个过程，然后到一定时候的话呢，拿到更高的一些荣誉。"

3. 积极的进取人格与稳定乐观的情感基调

从表2可知，在研究对象的生命故事中，努力进取、自信自豪是该研究对象的主要人格特征，幸福充实和成就体验是其主要的情感情绪基调，并且这种积极良好的状态体现在各个人生发展阶段。研究对象从小学、中学、大学、研究生到工作的各个阶段都以自己的努力学习和工作以及良好的精神面貌与适应能力体现出这种积极人格和生命基调，特别是能够将不如意的情境通过积极的认知和努力进取去改变，以保持自己积极的情绪心理。例如，研究对象高考考入一所不大理想的高校和专业时，能够从不利中看出有利的一面。正如访谈中说的："也就是说既来之则安之，都可以学一学，就是说后来一直到了第二学期，后面的话，才对这个学校，当时觉得还是挺漂亮的，那个时候认识它的美了。然后本来也是全国重点的，也还是很不错的，虽然说专业，有点儿感觉没那么爽，就业前景比较暗淡一点儿的这种。……然后在最后，时间一长一看，虽然说感觉本科就业前途没有像人家专业性那么强，但是后面也发现没有那么差。因为在全校其实它都是名次最高的，就是各种学生活动，而且在社团里也是。就是当我们要毕业的时候发现，在这些专业里面留校最多的就是（这个专业），而且留校之后，在学校各个部门混的比较好的还比例不低，然后，渐渐的呢也就没有那么排斥了。"此外，研究对象注重人际关系，并且积极努力去为同学和学院服务，被同学选为班长，进入学生会，组织了许多有意义的活动；作为学生党支部组织委员，积极发展学生党员，觉得很充实，并很有成就感。他说："第二年选班长，我跟我们班的同学的关系处得比较好，所以是大家选上来的，选上去嘞也开展一些活动，觉得挺有成就感了，我在做那个班长是组织过两次（活动）参加的人最多，……还是觉得很开心，其实我也做了一些事情，也觉得可以，然后当时学生党支部啊我也做组织委员，发展预备党员那些介绍人记录啊（笑）这些也弄一弄，还比较充实。"

（二）影响青年"长江学者"成长的因素

我们前面对中国院士和"长江学者"成长的量化研究发现，家庭、老师和时代背景是影响杰出科学人才成长的最重要因素。通过选取青年"长江学者"进行生命故事研究，发现良好的家庭氛围和工作环境、教师的关爱与指导亦是其成长的重要影响因素。

1. 良好的亲子关系与和谐的家庭氛围

从表3和表4可知，母亲和爷爷对研究对象的人生发展起着重要影响，特别是母亲在塑造研究对象良好的性格和稳定的情感情绪以及早期教育中扮演着重要角色，包括小学一年级第一次考试考得不怎么好的鼓励，以及教他写字的耐心。他说："我刚刚一年级的时候，那会觉得这种拼音、数字那些刚刚接触到觉得还是很吃力的。在我的印象里，经常写字，但是我母亲还是很有耐心，因为教我们时候写这些字也写得歪歪斜斜的，写得也不认真，然后那些东西也不会读，也不会弄，但是可能是我母亲她也是当过老师的嘛，她是很有耐心的。"此外，研究对象与父亲、母亲和爷爷的关系都比较好，家庭氛围和谐融洽。他在访谈中说道："我跟父亲母亲的关系应该算还是比较好的，当然在童年的时候，因为父亲很严厉，曾经有一段时间可能青春期的时候，跟父亲的这种有点儿比较对抗的关系，但是跟母亲一直都很好，因为母亲比较有耐心，从来都在教育方面可能手段也比较柔和，而且她可能有的时候更不会用这种权威的这种身份压你，但是呢，到后面大了，那个跟父亲的关系，也很好的。""其他成员关系也还是不错，我们家的那个氛围还是比较好的，……爷孙关系一直都很好。"有研究表明，家庭和睦、父母与子女的关系密切，可以给儿童带来安全感和信任感，使儿童的自信心增强（王瑜等，2004）；良好的家庭环境能促成少年情绪稳定性的养成，能以一种克制的、理性的心态保持个体对自身行为的适度控制（杨汝元、刘金同，2003）。因此，该青年"长江学者"的自信人格与稳定乐观的情绪是与这种亲密的家庭关系和良好的家庭氛围分不开的。

2. 老师的喜爱、赏识与指导

从上面对研究对象生命中重要他人和重要事件的研究发现，老师在其学业成就和学术发展中起着比亲人的影响更大的作用，同时对其良好性格的形成也起着积极的影响。这种影响几乎涉及该研究对象的各个人生阶段。例如，幼儿园阶段的班主任老师、小学阶段的王老师以及大学和研究生阶段的刘老师。他说："在不同阶段有一些不同的人，就像我刚才说的在幼儿园里面看我们那个老师，对学生这么好，对我这么好的话，我觉得她对我影响就很大，觉得这个世界上这种善良的人还是很多的，这是一个。然后小学阶段呢，我们那个班主任老师，那个王老师，很有才华，对我们的这个教育方式，让我们思考问题，要从多个角度，对一件事情不能太极端，也会影响比较多。然后另外的话呢，我大学里，像刘老师啊，也是影响很大的，通过她的课呢，对研究产生了兴趣。"在访谈中，该研究对象还提到了初中地理老师对他的喜爱和关心："他也很关心我，说他有三个儿子，三个儿子都上了大学，还是挺厉害的在我们那里。很关心我的，说你就像我小儿子一样的，可能还是比较灵活聪明，但是呢有的时候仔细程度不够（笑）。"此外，还包括大学时期一位副书记找他谈话，做专业思想工作，驱散了他的郁闷心理，以及研究生时期另外一位导师对他学术发展的影响。研究表明，教师的人格以及对学生的关爱对学生的心理健康、道德品质和学业成绩等方面都有较大的影响（郑剑虹，2009）。研究对象取得的优异学业成就和学术水平，自信自豪的人格特征是离不开各个阶段老师的关爱、赏识和指导的。

3. 良好的人际氛围与工作条件

从上面的主题分析、关键事件与重要他人分析可以看出，研究对象具有良好的人际关系和人际适应能力。无论是同学朋友关系、师生关系还是上下级关系都是比较融洽和谐的。如前所述，研究对象在不同的求学阶段都能得到老师的关爱与赏识，也能得到同学的信任和拥护，被选为班长。在中学阶段入团入党（预备党员），在大学阶段被选为学生党支部组织委员，并进入学生会。先后在两所高校工作，都能得到领导的赏识与重用，为其提供了良好的工作条件和机会。这为研究对象的学业发展与学术发展提供了很好的人际与环境氛围。研究表明，人际关系紧张敏感与自我效能感、积极情绪之间呈显著负相关，与消极情绪和心理健康水平之间呈显著正相关（张俊杰等，2021）。研究对象从小到大生活在这种和谐人际关系中，无疑是其产生自我效能感、自信心理和保持积极情绪的重要因素。人际际遇（Chance Encounters）会改变一个人生命的发展途径，也会使一个人的梦想逐渐成形及发展（陈祥美、洪雅琴，2016），研究对象在人生发展过程中接触的这些老师和领导成为他的重要人际境遇，为其学业成就和学术发展产生了积极影响。当访谈问到研究对象如何看待自己的人生经历时，在对自己不到 500 字的自我评价中，"幸运"这个词他提及了 4 次。

四、结论

1. 该青年"长江学者"的生命故事主题以事功主题为主，在人伦主题中，师生关系主题的比例最高，并贯穿所有的求学阶段。

2. 进取、自信和自豪是研究对象的主要人格特征，幸福充实和成就感是其主要的情绪情感基调。其人生充满幸福进取的基调，是一个幸福的进取者。

3. 研究对象人生中的关键事件绝大部分涉及事功主题，少部分涉及人伦主题。其中，既有高峰体验的关键事件，也有低谷体验的关键事件，有的关键事件与升学和工作的抉择有关；母亲、爷爷和老师是其成长中的重要他人。这些关键事件和重要他人对其人生发展产生了重要影响，相比来看，在其学业成就的取得与学术发展中，老师更为重要，影响更大。

4. 总体上看，该青年"长江学者"的成长主要表现为以下几个特点：关键时期的稳健务实抉择与机遇把握；生命中强烈的事功主题；积极进取的人格与稳定乐观的情感基调。

5. 影响该青年"长江学者"成长的因素主要有：良好的亲子关系、和谐的家庭氛围；老师的喜爱、赏识与指导；良好的人际氛围与工作条件。

第三节 "挑战杯"全国竞赛获奖者的生命故事研究

"挑战杯"是由中国共产主义青年团中央委员会、中国科学技术协会、教育部和中华全国学生联合会、省级人民政府共同主办的全国性的大学生课外学术科技创业类竞赛，是目前国内大学生最关注、最热门的全国性竞赛，也是全国最具代表性、权威性、示范性、导向性的大学生竞赛。目前我国研究人员对于"挑战杯"竞赛的活动研究主要从三个方面入手：一是聚焦于"挑战杯"赛事对学生创新创业能力培养的研究；二是结合我国高等教育创新创业现状，对其在创新创业教育中的作用进行研究；三是从主办方、指导老师和学生等角度出发，如何在"挑战杯"竞赛中取得好成绩进行研究。而较少研究"挑战杯"的竞赛主体，即参赛者本身的人格与科学创造性，特别是采用生命故事分析方法对获得"挑战杯"竞赛全国奖的个体的人格及其生命故事主题进行研究。

郑剑虹（2017）认为，中国人的生命故事不同于西方人，由于受到中国独特文化的影响，中国人生命故事的主题更为丰富，提出了中国人的生命故事包括三个主题：事功主题、人伦主题和修身主题，并提出了一种收集个体生命故事完整资料的访谈技术——生命故事访谈法，其访谈主要包括两个部分：主述阶段和补问阶段。对收集的个体生命故事资料，可从生命篇章、关键事件、重要他人、未来脚本、身体自我、人生评价六个方面进行主题分析、基调分析和认同分析，并从自我接纳、自我连续性、自我意义和自他关系和谐这四个方面来分析个体自我认同的发展。

我们前面的研究发现，"挑战杯"全国竞赛获奖者是潜在的科学创新人才。作为潜在的科学人才，其人格等心理有何特点？生命故事主题和情感基调如何？以下我们选择三位全国"挑战杯"竞赛获奖者，主要采用生命故事访谈法和生命故事分析这种质性研究方法，并辅之以问卷调查的量化技术来探讨这个问题。

一、研究对象与方法

（一）研究对象

本节研究对象为三位全国"挑战杯"竞赛获奖者，其中男性两位，女性一位。即"挑战杯"全国大学生课外学术科技作品竞赛自然科学类二等奖获得者一位，男，23岁（下称"科学类获奖者"）；科技发明类三等奖获得者一位，男，23岁（下称"发明类获奖者"）；哲学社会科学类三等奖获得者一位，女，22岁（下称"哲社类获奖者"）。

（二）研究工具

采用生命故事访谈法并结合问卷调查（卡特尔16种人格因素问卷、积极心理资本问卷、成就动机问卷）的量化技术对被访谈者的生命故事以及成就动机、人格特征与心理资本进行研究。

1. 生命故事访谈法

如前所述，生命故事访谈法是对个别人物的生命故事进行整体性研究的一种质性研究方法，包括收集资料的生命故事访谈技术（主要分为主述阶段和补问阶段）和分析资料的生命故事分析技术（包括生命故事主题分析、认同分析、基调分析和人格分析）。本节研究对三位获奖者的生命故事进行访谈，除了按照生命故事访谈法的12个问句进行提问外，另外还重点提问参加"挑战杯"竞赛的详细过程以及相应的体会，然后将录音转录为逐字稿，对生命故事文本资料进行分析。

2. 卡特尔16种人格因素问卷

16种人格因素问卷是由美国卡特尔教授编制并被广泛使用的一种权威性人格测量问卷。卡特尔是人格特质理论的主要代表人物之一，对人格理论的发展做出了巨大贡献。他认为"根源特质"是人类的潜在稳定的人格特征，是人格测验应把握的实质。他采用系统观察法、实验法以及因素分析统计法，花费了大量的时间，确定了16种相对独立的人格特质因素（Cattell's 16 Personality Factor，简称16PF）。这16种人格因素包括：乐群性（A），智慧性（B），稳定性（C），影响性（E），活跃性（F），有恒性（G），交际性（H），情感性（I），怀疑性（L），想象性（M），世故性（N），忧虑性（O），变革性（Q1），独立性（Q2），自律性（Q3），紧张性（Q4）。

3. 积极心理资本问卷

积极心理资本是指个体在成长和发展过程中表现出来的一种积极心理状态。积极心理资本问卷（PPQ）由张阔等人2010年编制，该问卷由四个维度26个项目组成，其中乐观维度和希望维度各包括六个项目，自我效能维度和韧性维度各包含七个项目。乐观维度是指个体具有积极的归因方式，并对现在和未来持积极态度；希望维度则是指通过各种途径，努力实现预定目标的积极动机状态；自我效能维度是指个体有胜任任务的自信，能面对挑战并力争成功；韧性维度是指个体能从逆境挫折和失败中快速恢复过来。该问卷的Cronbach's Alpha系数为0.90，具有较好的内部一致性信度，结构效度也较好。

该量表采用7点记分，完全符合记7分，完全不符合记1分，通过测试上述4个维度的得分来判断个体的积极心理资本情况。

4. 成就动机问卷

成就动机问卷由叶仁敏修订奥斯陆大学杰斯米（Gjesme）和尼加德（Nygard）编制的成就动机量表。问卷采用5点记分，与自己情况完全符合记5分，完全不符合记1分，包含30题，分两个维度，每个维度15道题。一个维度叫追求成功的动机（Ms），是测定与获取成功相关的动机；另一维度叫避免失败的动机（Mf），是测定与防止失败相联系的动机。最终得分为两者相减，即 Ms – Mf，得分越高表明成就动机越强，得分越低，成就动机越弱。成就动机高的人，喜欢选择难度适中的事情来做，不会去做太容易和太难的事情；成就动机低的人则相反，往往选择太容易或难度很大的事情来做。此问卷被广泛使用，具有良好的信度和效度，该问卷在本次研究中的 a 系数为0.75。

(三) 数据处理方法

采用社会科学统计软件包SPSS 22.0对问卷调查的结果进行统计分析。

二、结果

(一) 生命故事分析结果

以下从整个生命故事篇章和生命中的关键事件两个方面对研究对象的生命故事主题、基调和人格进行分析

1. 生命故事主题分析结果

对研究对象的生命故事主题进行统计分析，可较为清晰地发现该研究对象的生命故事中注重的主题以及不同人生阶段主题的变化。首先，根据叙说的内容对不同人生发展阶段进行划分并命名，共分为童年、中学和大学三个人生发

展阶段。然后以整理的逐字稿的行数为单位，分别对3个研究对象生命故事文本中不同人生发展阶段出现的各类生命主题进行频数统计，结果见表1、表2和表3。

表1 哲社类获奖者（女生）的主题分析结果

人生阶段	修身主题		人伦主题					事功主题	
	性格心理素质培养	道德修养	血缘关系	夫妻关系	朋友同学关系	尊卑（上下级）关系	师生关系	社会国家事功	个人发展事功
努力读书的童年	—	—	32	—	12	—	6	—	12
困惑不解的中学	9	—	29	—	76	—	13	—	38
心态转变的大学	53	—	61	—	53	—	14	8	15
主题行数/总行数（%）	62/474 (13.08%)		296/474 (62.44%)					73/474 (15.40%)	

注：表中各主题下的数字为逐字稿中提及此主题内容的行数。下同。

表2 发明类获奖者（男生）的主题分析结果

人生阶段	修身主题		人伦主题					事功主题	
	性格心理素质培养	道德修养	血缘关系	夫妻关系	朋友、同学关系	尊卑（上下级）关系	师生关系	社会国家事功	个人发展事功
贪玩的童年	5	—	38	—	7	—	13	—	11
奋发向上的中学	3	—	26	—	5	—	6	—	59
沉迷研究的大学	—	—	—	—	10	—	4	—	68
主题行数/总行数（%）	8/528 (1.52%)		109/528 (20.64%)					138/528 (26.14%)	

表3　科学类获奖者（男生）的主题分析结果

人生阶段	修身主题		人伦主题					事功主题	
	性格心理素质培养	道德修养	血缘关系	夫妻关系	朋友同学关系	尊卑（上下级）关系	师生关系	社会国家事功	个人发展事功
顽皮童年	5	—	6	—	6	—	5	—	5
迷途知返的中学	29	—	28	—	—	—	46	—	302
踏实研究的大学	12	12	9	—	54	—	18	116	331
主题行数/总行数（%）	58/1190（4.87%）		172/1190（14.45%）					754/1190（63.36%）	

　　从上述三个研究对象的生命主题分析中可以得知，在其生命故事中，哲社类获奖者（女生）的人伦主题占比较大，科学类和发明类获奖者（均为男生）生命故事中的事功主题占比较大。这可能与男女性别差异有关，一般女性比较关注人际关系方面的主题和内容，受此方面的影响也相对比较大，而男性相对比较关注事业和个人发展。在修身主题方面，女生相对男生来说，占比稍高，但总体上看，三者的占比都不高。中国传统文化比较注重修身，特别是儒家文化，修身为八目之一，但因近代以来，传统文化受到破坏，以及在现阶段的学校教育体系中，未将中国优秀传统文化列入课程，心理健康教育课程也是一种点缀，学生普遍对修身不够重视。

　　在人伦主题当中，只涉及同学朋友关系、血缘关系和师生关系三类次级主题，几乎贯穿于所有的生命发展阶段，反映了学生求学阶段的特点。但三人之间存在明显的个体差异，其中哲社类获奖者的同学朋友主题占比最大，发明类获奖者的血缘关系主题占比最大，而科学类获奖者的师生关系主题占比最大，反映了不同个体在人生发展阶段亲人、同学和老师对其影响程度的差异。

2. 生命基调分析结果

该部分主要从量化的角度对研究对象的总体人生进行基调分析和人格分析，以获得对研究对象人生情感较为明确和客观的认识，并从人格形容词统计的角度看研究对象是一个怎样的人。将3个研究对象的生命故事统一为一个文本进行情绪词和人格词统计，结果见表4。

表4 生命基调分析结果

人生阶段		情绪、情感类词	人格形容词	情绪词频数	人格词频数
童年	积极	快乐（5）、乐观（1）、放松（1）、幸福（1）	感恩（2）、勤奋（2）、谦虚（1）、乖巧（1）、随和（1）、淳朴（1）	8	8
	消极	难受（6）、害怕（3）、低落（1）、无奈（1）、紧张（1）、难堪（1）、愧疚（1）	贪玩（5）	14	5
中学	积极	快乐（8）、感激（4）、振奋（3）、自豪（2）、顺心（1）、如意（1）、欣慰（1）、满意（1）、敬佩（1）、憧憬（1）、得意（1）、心安（1）、狂喜（1）、崇拜（1）	勤奋努力（8）、自信（6）、聪明（3）、好奇（3）、上进（3）、重情义（2）、独立（2）、有见识（2）、率真（2）、明理（2）、头脑清醒（2）、体谅人（2）、有韧性（2）、合群（1）、独立思考（1）、果断（1）、乖巧（1）、善解人意（1）、要强（1）、自强（1）、热爱学习（1）、有同情心（1）、逻辑性强（1）、有条理（1）、好胜（1）、喜欢挑战（1）、随性（1）、不怨天尤人（1）、友善（1）、顾家（1）、独立思考（1）、雄心勃勃（1）、能忍耐（1）、踏实（1）	27	60
	消极	痛苦（4）、伤心（3）、害怕（3）、气恼（3）、无奈（2）、难受（2）、烦躁（1）、厌恶（1）、抱怨（1）、失意（1）、埋怨（1）、愧疚（1）、颓丧（1）、担心（1）	贪玩（2）、爱胡闹（1）	25	3

(续表)

人生阶段		情绪、情感类词	人格形容词	情绪词频数	人格词频数
大学	积极	快乐(5)、自豪(3)、随心(3)、阔达(2)、平和(2)、感激(2)、称颂(2)、乐观(2)、顺心(1)、甜蜜(1)、满足(1)、怡然(1)、憧憬(1)、敬仰(1)、幸福(1)	独立思考(8)、谦虚(7)、勤奋努力(5)、有见地(4)、心胸开阔(3)、有志气(3)、好学(3)、重情义(3)、独立(2)、有自知之明(2)、阔达(2)、自信(2)、脚踏实地(2)、善良(1)、顺从(1)、正气凛然(1)、适应力强(1)、淳朴(1)、真诚(1)、有原则(1)、有判断力(1)、勇敢(1)、平实(1)、灵活(1)、好动(1)、前瞻性的(1)、目标清晰(1)、博爱(1)、沉着(1)、随和(1)、稳重(1)、高情商(1)、主动(1)、专一(1)、上进(1)、明理(1)、目光长远(1)	28	70
	消极	焦虑(3)、无奈(2)、困惑(2)、懊丧(1)、惭愧(1)、羞愧(1)、忧伤(1)、厌恶(1)、紧张(1)、自卑(1)	依赖(1)、不修边幅(1)	14	2
积极词总频数201		积极情绪词频数63	积极人格词频数138	—	—
消极词总频数63		消极情绪词频数53	消极人格词频数10	—	—

由表4可知，从情绪基调来看，根据词频统计，三位获奖者的积极情绪词比消极情绪词略多。其中排前三位的积极情绪词是快乐(18)、感激(6)、自豪(5)，排前三位的消极情绪词是难受(8)、害怕(6)、无奈(5)。从人格词频统计来看，三位获奖者的积极人格词远比消极人格词多，排前三位的积极人格词是勤奋努力(15)、谦虚(8)、独立思考(8)、自信(8)，消极人格词很少，提及最多的是贪玩(7)。这说明三个获奖者人生基调积极，特别是具有明显的积极人格。但从其人生发展的三个阶段来看，童年期人生基调总体

上略显消极；从中学到大学阶段，人格和情绪中正面积极的因素逐渐增多，到大学阶段，无论是情绪还是人格都显著变得积极起来。

3. 关键事件分析结果

在个体发展的生涯中，关键事件会对个体的人格和行为产生重要影响。本节通过反复阅读三位受访者的访谈录音转录的逐字稿，确定了其生涯发展过程中的几个关键性事件，然后进行主题分析、基调分析和认同分析，结果见表5、表6和表7。

表5 哲社类获奖者的关键事件分析结果

关键事件	基调	示例	认同状况	示例	主题	示例
（1）参加"挑战杯"	羞愧，困惑，豁达	"就是其实拿奖对于我来说是一件很意外的事情，因为我感觉就是感觉老实来说自己的那个课题其实也是不咋地的，我觉得的话拿奖可能更多的是一种运气的成分在里面吧"	不认同	"就是我其实觉得自己拿了奖，然后学院又很重视，又说什么很厉害之类的，但是我自己觉得很羞愧，因为我感觉到自己其实没有做什么"	事功主题：个人发展	"重要的是在这个过程当中，的确我在这个过程当中经历了很多，就是遇到了困难的话，我会很用力地去解决，然后也会学到了很多东西"
（2）和朋友吵架	困惑，伤心，难过	"在以前的话我还觉得我们关系好，天啊，真的说不出那种很难听的话，明明以前就很好的，为什么现在变成了这个样子，这样子真的令我很难过"	不认同，认同	"但是现在的话慢慢的我就开始看开一点儿了，因为毕竟读研都不在一个地方。就是现在大家都已经各奔东西了。她也是保研的人，她还在别人面前说你的坏话"	人伦主题：朋友关系	"哎哎哎，以前谁谁谁特别的乖，然后我就觉得自己就要变得乖一点儿，我就可能比较受外界的眼光，而她就一直在外面说我的不好啊什么的，但是她肯定又说我，因为我跟她在一起的时候她经常回去说别人不好"

(续表)

关键事件	基调	示例	认同状况	示例	主题	示例
(3) 妈妈骂我	难过, 伤心	"我想到了以前妈妈骂我, 具体的话, 记不得了, 我就记得印象最深的那句话就是'你已经不是我以前所认识的那个孩子了', 听到这个的时候我真的很伤心"	不认同	"对我打击特别大, 就是妈妈就是这样说我的, 我就会一直哭一直哭"	人伦关系: 血缘关系	"就是妈妈就是这样说我的, 我就会一直哭一直哭"

在表5列出的哲社类获奖者的三个关键事件中, 有两个关键事件的生命故事主题为人伦主题, 涉及朋友关系和血缘关系, 参加"挑战杯"这个关键事件的生命主题则为事功主题。这说明在该获奖者的生命故事主题中, 事功主题与人伦主题都占有一定的比例, 但结合表1的主题分析结果, 可以看出该获奖者的生命主题以人伦主题为主, 其人伦主题体现出的情绪基调总体上是消极的。

表6 发明类获奖者的关键性事件分析结果

关键事件	基调	示例	认同状况	示例	主题	示例
(1) 参加"挑战杯"	踏实, 自豪, 自信, 有责任	"这个选题的方向非常好, 然后专家也非常认可我们的选题""除了我自己分配的任务, 而且他们每个人的事情, 我都要照顾到, 起了一个联系的工作"	认同	"至少我们为这个电饭煲的产业给做了一份贡献"	人伦主题: 朋友关系 事功主题: 社会发展事功	"毕竟我和他们都是比较熟悉的, 相处了两年, 我觉得这个磨合的东西, 我们本来就很好""至少我们为这个电饭煲的产业给做了一份贡献"

(续表)

关键事件	基调	示例	认同状况	示例	主题	示例
（2）受重要他人点拨	感激，上进，振奋	"你取得的骄傲是实实在在的，是能够赢得别人尊敬的目光的。就是这么一个意思。然后从那以后我就开始读书"	认同	"至少你认认真真地去读的话，那个成绩确实是一步步长进的"	事功主题：个人发展事功	"我开始奋斗，然后那时候觉得更加清楚这一点的，真的确实是你用心去读书，然后你就会发现你的成绩就慢慢地进步"
（3）小时候家长会	痛苦，内疚，难受	"然后就确确实实我就被大骂一顿，然后回到家还被我妈拼命地骂""那么调皮，还是有点儿辜负他们的"	不认同	"你的老师当众批评你，你的家长批评你，你必须过着一个什么，非常难熬的"	人伦主题：血缘关系与师生关系	"我妈开完家长会之后呢，她确实是表露出一种恨子不成龙的眼神"
（4）小学玩游戏	调皮，贪玩，难过，愧疚	"打伤了别人，赔了一些医药费。然后那天晚上又被我爸妈吊着打""一边被老师家长骂、批评，一边又自己玩自己的事情"	不认同	"只要我回去晚了，都是被留下来批评的，然后我感觉挺尴尬的"	人伦主题：师生关系与血缘关系	"六年级的时候经常被我们班的班主任留下来批评"

在表 6 的发明类获奖者的四个关键事件中，有两个关键事件涉及人伦主题：一个关键事件涉及事功主题，一个关键事件既涉及事功主题，也包含人伦主题，人伦主题涉及朋友关系、血缘关系和师生关系。虽然涉及人伦主题的关键事件多于事功主题的关键事件，但结合表 2 的主题分析结果来看，事功主题的比例略多于人伦主题的比例。在上述四个关键事件中，有两个为消极事件，即血缘关系和师生关系事件。朋友关系的基调总体上是积极的，而血缘关系和师生关系的基调总体上是消极的。

表7 科学类获奖者关键性事件分析结果

关键事件	基调	示例	认同状况	示例	主题	示例
（1）初中成绩很水，不被老师重视	自卑，无奈	"每次都会被老师点名，哎呀，我也不知道是怎么回事，我有时候也会感觉是不是自己这个智商还没有被开发" "老师在讲的时候我都有很认真地在听，就是听不懂，我都不懂老师当时为什么要设那个X，设Y啊" "我也想读好书，但是读不好有什么办法呢"	不认同	"我们读的这个学校是重点学校，这个学校的老师好像对那些成绩比较差的学生不感冒，每次批评啊，点名啊，都是我们几个" "唉（苦笑3秒）每次都，都感觉，好像我也挺……也不是说这个挺不学习的，每次都排在最后"	事功主题：个人发展事功	"说实话，当时那个时候，每个人都想自己的成绩好一点儿，每个当学生的人都一样，说实话谁都不希望自己那么水" "就是在后面我玩也不是，不玩也不是，索性我就看看历史的书籍，学一下别的科目，反正其他的也学不会"
（2）广读史书，获益良多	勤奋，好学	"我看的历史主要是初中和高中的时候看的，初中那会儿看的很多历史的书，什么隋唐啊，那些什么啊二十四史啊"	认同	"我还想以后如果有机会去大学当教授的话，我要开一门近代史的公选课，专门讲清末的历史"	事功主题：个人发展事功	"我一直跟我们这个现代史的老师，他是南京大学的一位博士，我经常跟他探讨一些近代史的问题"
（3）参加"挑战杯"等竞赛	勤奋，上进，满意	"四年最多只能参加三次。我就三次，然后后每次我都参加，每一次都去" "我也不曾想到，可能是每年都去，然后也不紧张，而且我积累得多了，最终拿了一等奖"	认同	"去复试的时候哦，可能是习惯了这个对于这个大BOSS，大神哦，我去复试的时候不紧张，都是老师问什么我就答什么，感觉是一种锻炼吧。包括去音乐厅讲话，以前我也没有什么公开的活动吧"	事功主题：个人发展事功	"当时候我在读大一，大一的课程都还没有学完。就拿了广东省的二等奖。李院长还亲自发微信给我，说我不错啊，恭喜。那个时候李院长就开始，就跟他开始做东西了，那个时候就慢慢开始走上了'挑战杯'的路了，后来这个大二大三都去参加了这个数学竞赛哦"

(续表)

关键事件	基调	示例	认同状况	示例	主题	示例
（4）重大考试	上进	"改变大的就是那些重要的考试，比如说高考，改变了我来到了这所学校，这所学校又改变了我去读研究生"	认同	"重大的改变，就是考试呗，就是我生活当中，从出生到现在，目前接触的人全都是搞教育的，都是读书人"	事功主题：个人发展	"平时的那些事情，就是个人的性格的变化，包括个人能力的变化，都是长期积累，没有一下子，没有量变就没有质变嘛"

由表7可以看出，该获奖者的4个关键事件均与个人发展事功主题有关，说明事功主题是该获奖者生命故事主题中最核心的内容，表3的主题分析结果也体现了这一点。在4个关键事件中，有3个为积极事件，并从表7的分析也可以看出，该获奖者的人生基调以积极情绪为主，对自己的成长总体上是认同的。

（二）问卷调查分析结果

1. 成就动机问卷统计结果

对三位获奖者的成就动机问卷的调查数据进行统计，结果见表8。

表8　三个获奖者成就动机问卷统计结果

维度 研究者类别	追求成功每题平均分	避免失败每题平均分	追求成功总分（Ms）	避免失败总分（Mf）	成就得分 Ms-Mf
哲社类	3.80	2.47	57	37	20
发明类	3.47	2.27	52	34	18
科学类	4.27	2.73	64	41	23
总体平均分	3.85	2.49	57.67	37.33	20.33

从表 8 可以看出,"挑战杯"获奖者的成就动机问卷中,追求成功维度的每道题的总体得分均高于理论中值 3;同时无论从单题平均值还是总体平均值来看,追求成功维度的得分比避免失败维度的得分都要高($Ms = 57.67 > Mf = 37.33$),表明该群体的成就动机水平较高,其中,科学类获奖者的成就动机得分在三人中为最高。

2. 卡特尔 16 种人格因素问卷统计结果

对三位获奖者的 16 种人格因素问卷的调查数据进行统计分析,结果见表 9。

表 9 三个获奖者的 16 种人格因素问卷统计结果

因子	哲社类获奖者	发明类获奖者	科学类获奖者	平均分	标准差
A 乐群性	5	3	7	5.0	2.0
B 智慧性	6	5	1	4.0	2.6
C 稳定性	5	8	7	6.7	1.5
E 持强性	7	10	7	8.0	1.7
F 兴奋性	6	9	7	7.3	1.5
G 有恒性	4	6	7	5.7	1.5
H 敢为性	5	9	6	6.7	2.1
I 敏感性	5	1	1	2.3	2.3
L 怀疑性	6	3	3	4.0	1.7
M 幻想性	4	7	6	5.7	1.5
N 世故性	6	9	2	5.7	3.5
O 忧虑性	5	5	6	5.3	2.0
Q1 变革性	9	9	7	8.3	2.6
Q2 独立性	5	5	10	6.7	1.5
Q3 自律性	7	8	9	8.0	1.7
Q4 紧张性	5	5	4	4.7	1.5

表9的分数为问卷原始得分换算为标准分后的分数，各因素的标准分范围为1～10分。得分3分及以下为低分者，得分8分及以上为高分者，得分4～7分则处于中间状态。从表9可知，三位获奖者的大部分人格因素的得分处在中间水平，有个别因素的得分为低分或高分。例如，获奖者敏感性因素的得分比较低，其中两位获奖者的得分为1分，说明他们理智、注重现实，能以客观、独立的态度处理问题，不感情用事。三位获奖者在持强性因素、自律性因素和变革性因素的得分都相对比较高，说明他们有主见，好强，独立性和自律性强；容易接受新事物，对新的思想和行为有兴趣，愿意尝试探索。从个体来看，哲社类获奖者（女生）各因素的得分基本上都处于中间水平；发明类获奖者（男生）在稳定性、持强性、兴奋性、敢为性、幻想性、世故性、变革性和自律性等因素上的得分较高；科学类获奖者（男生）在乐群性、稳定性、持强性、兴奋性、有恒性、变革性、独立性和自律性等因素上得分较高，反映出男女生在人格上的性别差异。

3. 积极心理资本问卷统计结果

对三位获奖者的积极心理资本问卷的调查数据进行统计分析，结果见表10。

表10 三个获奖者的积极心理资本问卷统计结果

获奖者类别 \ 因子	自我效能	韧性	希望	乐观	总均分	标准差
哲社类	4.42	4.57	5.67	5.67	5.08	0.68
发明类	5.71	5.42	6.33	5.5	5.74	0.41
科学类	5.71	6.71	6.12	5	5.89	0.72
平均分	5.28	5.57	6.04	5.39	5.57	0.34
常模	4.68	4.47	5.17	5.01	4.83	0.32

由表 10 可知，三位获奖者积极心理资本的总分和四个维度的得分都超过 5 分，均高于理论中值 4 分（该量表为 7 点量表），特别是希望维度的得分超过了 6 分；此外三位获奖者的总分和各维度得分也高于常模分数，说明三位获奖者的心理资本比较高，在成长和发展的过程中表现出一种积极的心理状态，包括较高的自我效能感和韧性，对未来乐观、充满希望。

三、讨论

（一）"挑战杯"获奖者生命故事的讨论

采用质性方法对三位"挑战杯"获奖者的生命故事进行分析，从分析结果可知哲社类获奖者生命故事主题中的人伦主题占比较大，而科学类和发明类获奖者的事功主题占比较大。作为全国"挑战杯"获奖者，我们推测应该都是事功主题占比较大，但研究发现三者存在差异，这一方面可能与性别因素有关，即哲社类获奖者为女生，科学类和发明类获奖者为男生，男生在生涯发展过程中一般比较关注事业发展或事功主题，女生则更多关注人际关系或人伦主题。另一方面，也与其生命故事有关，特别是生命故事中关键事件的影响。在哲社类获奖者的三个关键事件中，有两个关键事件为人伦主题，并且均为消极事件。在进行生命故事叙说时，哲社类获奖者提到了两个印象最深的消极关键事件，她认为在生命中对其影响或打击最大的人是母亲和渐行渐远的朋友，提到妈妈时，她说："对我打击特别的大，就是妈妈就是这样说我的，我就会一直哭一直哭。""我就记得印象最深的那句话就是'你已经不是我以前所认识的那个孩子了'，听到这个的时候我真的很伤心。"提到朋友时，她说："在以前的话我还觉得我们关系好，天啊，真的说不出那种很难听的话，明明以前就很好的，为什么现在变成了这个样子，这样子真的令我很难过"。因此，其人伦主题体现出的情绪基调总体上是消极的。

科学类获奖者生命故事中的关键事件,虽然也有涉及人伦主题,但主要与事功主题为主,在其生命故事叙说中提及的四个关键事件,有三个关键事件为事功主题,且涉及人伦主题的一个关键事件(即初一初二成绩不好,不被老师重视)并未对他造成心理上的多大消极影响,反而成了他奋进的动力:"就是初三那一年,每一次考试都上光荣榜。哎呀,终于感觉自己学有所成啦。"(笑2秒)因此,该获奖者的人生基调以积极情绪为主,对自己的成长总体上是认同的。

发明类获奖者的四个关键事件中有 2.5 个事件涉及人伦主题,1.5 个事件涉及事功主题。两个涉及人伦主题的关键事件虽为消极事件(即小时候的家长会和小学玩游戏被家长和老师批评),该获奖者在叙说时也"感觉非常难熬,挺尴尬的",但并未有多大的消极情绪体验:"我以前玩游戏的时候呢玩得很厉害,一定要比别人厉害,但是从那时候我意识到,玩游戏毕竟只是一个在电子世界,在一个虚拟的世界,然后我现在玩游戏玩完之后呢,回到真实世界,感觉到你玩得再多,也只是一场虚空的东西,一场虚无的东西。"因此,该获奖者的情绪基调总体上还是积极的。

(二)"挑战杯"获奖者人格特质的讨论

采用问卷调查的量化方法对三位"挑战杯"获奖者的人格进行分析,从上述研究结果可知三位获奖者总体上具有积极的人格特征。在成就动机方面,三位获奖者的成就动机相对比较高;在心理资本方面,三位获奖者的得分均高于常模,在成长和发展的过程中表现出一种积极的心理状态,包括具有较高的自我效能感和韧性,对未来充满希望。卡特尔16种人格问卷的调查也发现,三位获奖者的持强性因素、自律性因素和变革性因素的得分都相对比较高,而敏感性因素得分较低,说明其具有独立、好强、自律、理智、客观、愿意尝试和接受新事物的积极人格品质。虽然他们在成长过程中都有面临消极事件的影响，哲社类获奖者甚至有较多的消极情绪体验，但因他们身上具有上述的积极人格品质，使得他们勇于挑战自我，能够获得"挑战杯"全国竞赛奖项，个人也得到不断成长进步。

（三）生命故事质性研究结果与问卷调查量化研究结果的比较

本节采用量化研究与质性研究相结合对三位"挑战杯"获奖者进行研究，可以看出，质性研究结果与量化研究结果可互为印证。从质性研究的生命基调分析结果可知，获奖者生命故事中的积极人格词频远高于消极人格词频，体现出获奖者更多具有积极的人格品质，这与人格问卷调查的量化研究结果是一致的。虽然质性研究中的积极情绪词频与消极情绪词频相差不大，甚至获奖者在某个人生阶段的消极情绪体验还多于积极情绪体验，但并不影响三位获奖者具有积极的人格特征，说明积极情绪或消极情绪与积极人格或消极人格之间并不是一一对应的关系。消极情绪体验更多受消极事件的影响，但消极事件或挫折、不幸事件并不一定会导致消极人格的形成。

与量化研究结果相比，质性研究结果不仅是一种补充或印证，更能体现出一种研究深度，特别是了解研究结果之背后原因。例如，对获奖者生命故事中关键事件的分析，会获知人生重要转变的过程或成就动机的形成原因，如发明类获奖者提及其发生转变是因为受到伯乐的点拨："之后我就开始奋斗，然后那时候觉得更加清楚这一点的，真的确实是你用心去读书，然后你就会发现你的成绩就慢慢地进步。"在科学类获奖者的生命叙说中，他提及自己初三时发生逆袭，成绩往上爬，是因自己在初一和初二时不被老师重视心有不甘："说实话，当时那个时候，每个人都想自己的成绩好一点儿，每个当学生的人都一样，说实话谁都不希望自己那么水。"成就动机和心理资本既具有特质性成分，同时又受具体情境的影响，在一定程度上，关键性事件会促发高成就动机和心理资本的生成。

四、结论

1. "挑战杯"哲学类获奖者（女生）的生命故事主题以人伦主题为主，科学类与发明类获奖者（男生）的生命故事主题以事功主题为主，三者的修身主题所占比例都不高。

2. 质性研究表明，三位获奖者的积极情绪词比消极情绪词略多，但积极人格词远比消极人格词多，说明三个获奖者人生基调积极，特别是具有明显的积极人格。但从其人生发展的三个阶段来看，童年期人生基调总体上略显消极；从中学到大学阶段，人格和情绪中正面积极的因素逐渐增多，到大学阶段无论是情绪还是人格，都显著变得积极起来。

3. 总体上看，获奖者在生命叙说中提及的关键事件以积极事件为主，但男女生存在一定的差异，女生提及的消极关键事件略多。这些关键事件对获奖者的情绪、人格与人生发展产生了较大的影响。

4. 量化研究发现，三位获奖者具有独立、好强、自律、理智、客观、愿意接受新事物的积极人格品质和较高的成就动机与心理资本。量化研究结果与质性研究结果具有一致性。

第六章 我国杰出科学人才成长特点、影响因素与教育建议

通过我们对中国科学院院士、中国工程院院士、"长江学者"奖励计划特聘教授（有少数为人文学者）这两个不同层次杰出科学人才的研究，并结合潜在科学创新人才——"挑战杯"全国大学生课外学术科技作品竞赛获奖者，采用历史测量法、内容分析法等量化技术和生命故事研究等质性方法，从比较分析、历史分析和纵向发展的角度，探究了杰出科学人才成长的特点与影响因素。本章将对上述研究做出总结与讨论，并提出相应的对策建议

第一节 我国杰出科学人才的成长特点与人格特征

根据我们对部分中国科学院院士、中国工程院院士以及近 2000 名"长江学者"的研究，并结合以往其他类似的研究结果，我国杰出科学人才的成长特点可以概括为以下几个方面。

一、师从名师并大都具有留学经历

无论是生于新中国五六十年代的院士,生于旧中国三四十年代的院士,还是1998年开始当选的"长江学者"奖励计划特聘教授,他们在高等教育阶段大都师从名师,有的还是在世界级科学大师的指导下完成高等教育和学位论文。他们大都有留学经历,上述的研究表明,院士有留学背景的比例平均为58.8%(其中,生于新中国的院士有留学经历的高达86%),"长江学者"特聘教授有留学经历的比例为63.3%。因此,杰出导师的指导和出国留学是现阶段我国杰出科学人才成长的重要条件。

二、基本都拥有博士学位

在现今时代,要成为杰出科学人才,获得博士学位是一个重要甚至是必要的条件,在上述研究的新中国出生的院士和"长江学者"特聘教授中,拥有博士学位的比例前者为100%,后者为98.7%。即使是生于旧中国的院士,虽然受到环境和时代的制约(当时我国没有设立学位制度),仍然有31.7%的人在国外获得博士学位。

上述这些杰出科学人才在大学本科阶段大部分都就读名校,包括国内的985院校和国外的一些知名大学,以"长江学者"特聘教授为例,本科毕业于985和211高校的比例为73%,但也有相当比例的人(近三成)在本科阶段就读一般院校,后面继续考取了名校的研究生,获得博士学位。一方面说明一般本科高校对高层次人才培养起着一定作用,另一方面也说明,要成为杰出科学人才,后续深造非常重要。

三、变动工作单位多

前面的研究发现,生于新、旧中国的院士,完成高等教育后,一直在一个单位工作的只占少数，超过七成以上的人都经历了一个及以上工作单位的变动，甚至有超过二成以上的院士经历了三次及以上的工作单位的变动。在对近2000名"长江学者"特聘教授的研究中，也有近七成（68.1%）的人有过一次及以上的工作变动。一项对2019名国家杰出青年基金获得者的研究也发现平均每人工作变动2.7次（郭美荣等，2011）。说明我国杰出人才的工作变动较频繁。这种变动大都表现为向上流动，即朝着条件更好、更知名的高校和科研院所流动。因此，适当且向上的工作流动可能有助于杰出科学人才的成长，但也可能反映了我国不同的高校和科研机构在研究条件和研究氛围上存在较大的差距。

四、大部分担任过行政职务

在我们所研究的旧中国出生的院士中，超过九成的（90.2%）担任过行政职务，有的还担任十分重要或高层次岗位的领导职务，"长江学者"特聘教授中，有近2/3（65.7%）的人也担任过行政职务；在部分学者对中国青年科学家奖获得者的研究中，也得出类似的结论，即担任行政职务的青年科学家比例高达83.6%（陈仕伟，2015）；国外杰出科学家担任行政职务的比例要远小于中国杰出科学家（徐祥运、林琳，2014）。最近有一项对我国院士与国外诺贝尔奖获得者在担任行政职务上的比较发现，在行政任职上，中科院院士从未任职的比例为16.4%，诺贝尔奖得主则为68.6%，特别是在当选后，中科院院士的行政任职人数比例猛升为诺奖得主的两倍多，在选前选后持续任职这一指标上，中科院院士的人数比例更是诺奖获得者的7倍（王高峰、孔青青、徐飞，2020）。可以说，担任行政职务是我国杰出科学家的一个特点，从某种程度上反映了国家对杰出人才的重视和尊重，也反映了中国传统文化的影响。一般认为我国杰出科学家担任行政职务对自身的科研成果产出可能会产生不利影响，但对人才培养以及是否不利于国家整个科学事业的发展，还有待于进一步研究。毕竟从历史经验来看，那些担任行政职务的杰出科学家对我国科学事业的战略决策与发展、杰出人才培养和国防重器的研发发挥了独特而重要的作用。

五、具有较明显的地域分布特征

我们对中国院士和"长江学者"特聘教授的研究发现，无论是中国科学院士、中国工程院院士，还是"长江学者"特聘教授，其出生地具有明显的地域分布特色，即出生于江浙等省的杰出科学人才的比例要远超其他省份。对"两弹一星"功勋科学家群体、百人计划、国家杰青等杰出科学人才的研究也得出了相同的结论（黄涛、黄文龙，2015；牛珩、周建中，2012）。有人对历史上状元出生地的研究也发现了类似的情况（李芳方、徐红，2021）。我国杰出科学人才分布的地域特征，反映了杰出人才的成长与地域经济发展，特别是与地域文化发达、历史传统、家风家族传承的密切关系，值得从文化理论层面进行深入的探讨和思考。

六、性别比例严重失衡

我国杰出科学人才存在严重的性别比例失衡现象，上述我们的研究发现，在"长江学者"特聘教授中，男性占比94%，女性占比仅为6%。一项对1994—2008年2019名国家杰出青年科学基金获得者的研究发现，男女性别比例同样存在严重的失衡问题，女性的占比亦为6%（郭美荣，2011）。虽然男女性别比失衡现象在大多数行业都存在，但我国杰出科学人才的性别比失衡尤为突出。

七、学科训练背景较为单一，成才时长具有明显的学科特点

上述对"长江学者"特聘教授的研究发现，单一学科训练背景，即从本

科、硕士到博士阶段均接受同一学科训练的人占近八成（79.6%），特别是获得理工科学位者单一学科训练背景的更多，这提示我们，在高层次人才培养上，要考虑学科训练背景的多元化与单一化对杰出人才成长可能存在的影响。从不同学科的人从获得博士学位到当选"长江学者"的时间长度，即成才时间来看，"长江学者"的平均成才时长为15年，在成才时长上存在显著的学科差异，自然科学类的"长江学者"平均时长最短，为13.1年，人文学科类的"长江学者"最长，为16.8年，社会科学类的"长江学者"居中，平均为15.2年。其中，自然科学类中的理学类"长江学者"成才时长平均仅为12.7年，远短于文学类"长江学者"平均时长的18年。这一方面体现了学科的不同性质和成才规律，另一方面提示我们在不同学科的人才培养和人才成长方面时间或年龄所起的作用。

八、具有共同的人格特征

上述对生于新中国的院士的人格采用内容分析法等量化技术的研究发现，生于新中国的院士具有勤奋努力、坚持不懈、才华横溢、高创造性、聪慧、坚强、自信、奉献、诚实、有理想、有勇气、爱国、认真严谨、爱岗敬业等人格特征；采用质性方法对"长江学者"以及院士的生命故事的研究亦发现类似的人格特征。先前采用内容分析方法对杰出科学人才的研究亦发现学术界成就人物最重要的人格特征形容词依次为勤奋努力、创造性、坚持不懈、有理想、爱国、坚强、认真严谨、奉献（郑剑虹，2006）。因此，杰出科学人才具有共同的人格特征，这些特征包括勤奋努力、坚持不懈、创造性、认真严谨、有理想、坚强、奉献爱国等。认真严谨与创造性可能是科学家区别于其他杰出群体的较为明显的人格特征，奉献爱国可能是我国杰出科学家的显著人格特点，特别是老一辈科学家这种人格特征尤为突出。

第二节 影响我国杰出科学人才成长的主要因素分析

一、时代背景

时代背景作为一个外部影响因素，包括国家政策、国家稳定性、时代发展水平等，有研究表明，科学家与文学家相比，其创造性更容易受时代和生活环境的影响（郭有遹，2002）。个人的成长往往与时代命运联系在一起，并深受影响，科学家也不例外。我们所研究的新中国成立后出生的院士中近2/3都来自农村贫寒家庭，但他们生于新中国，成长于新中国，他们的童年没有面临战争的威胁，国家建设蒸蒸日上，人民精神面貌昂扬向上，虽然他们都经历了十年"文革"，但在改革开放后，他们都有机会走出国门，接受西方高等教育。他们的求学历程分别经历了三个不同的阶段："文革"前、"文革"期间和改革开放。新中国成立后的最初十几年，人民建设国家的热情高涨，国家稳定，工农地位高，个体有强烈的成就动机，即使"文革"十年取消高考，国家的求学政策却能向农民子女倾斜，招收工农兵大学生。恢复高考和改革开放，他们有机会凭借自身的努力考上大学和出国深造，可以免费上大学和公费留学，他们能够留学海外，师从名师，几乎都获得博士学位，不受家庭经济条件的影响。因此，"寒门生贵子，白屋出公卿"的谚语可以说在我们所研究的生于新中国的院士身上得到真正体现。

生于三四十年代的院士，他们的童年成长在国家受侵略、受奴役的动乱时代，他们接受高等教育时，国家取消了学位制度，因此，他们中的少部分人只能在国外获得博士学位。在他们工作和出成果的黄金年龄，国家又面临十年"文革"动乱，因此，生于旧中国的院士群体中获得博士学位的比例不仅远低于新中国出生的院士群体,而且获得博士学位的平均年龄以及当选院士的平均年龄和平均时长也要明显长于生于五六十年代新中国的院士。我们所研究的近2000名"长江学者"特聘教授亦出生、成长在新中国,他们在获得博士学位的比例、留学情况以及成才时长上与新中国出生的院士类似。

总之,我国杰出科学家的成长特点明显地受到时代和国家政策的深刻影响,并深深地打上了时代的烙印。

二、家庭因素

家庭因素是影响个体成长的重要变量,包括家庭规模、出生次序(特殊的家庭地位)、家庭氛围、家庭出身、父母抚养方式、家庭文化环境以及家庭社会经济地位等。从本书涉及的院士群体来看,家庭出身、家庭结构、家庭氛围以及出生次序对其成长产生了或多或少的影响,而家庭文化环境与家庭社会经济地位的影响则不明显,特别是生于新中国的院士大部分来自农村(占63%),且家庭规模大(超过六成的院士拥有3个及以上兄弟姐妹),说明家庭经济条件并不是影响我国杰出科学家成长的主要因素,这与我们早前对30年代前出生的院士的研究结果是一致的(郑剑虹等,2014),而与国外的同类研究结果不同,国外的杰出科学家大都来自社会经济地位较高的家庭(艾伯特,1988)。我国科学家在家庭出身方面的这种较为独特的现象可能与中国传统上对"寒窗十年无人问,金榜题名天下闻"的励志故事的宣传和赞美有关,"虎瘦雄心在,人穷志不短"的民间谚语亦激励着万千寒门学子奋发向上的斗志。

从家庭结构和家庭氛围来看,生于新、旧中国的院士大都来自大家庭,亲子关系和同辈关系亲密友善。他们无论来自贫寒家庭,还是来自经济条件好和文化地位比较高的家庭,亲子关系融洽、家庭氛围和谐、父母采用民主或权威型的抚养方式是大部分院士家庭的共同点,我们对袁隆平院士的心理传记研究表明，母爱、家庭和谐与权威型的父母抚养方式是袁院士成为一个自我实现者的最重要因素（Zheng, 2021）。学术界对家庭环境氛围与孩子的心理健康、人格、学业成就、犯罪和行为问题的关系进行了许多实证研究。对家庭环境与大学生心理健康关系的研究发现，不良的家庭环境是影响大学生社交和焦虑状态的危险因素（朱孔香等，2003）；对中学男生行为问题与家庭环境关系的研究发现，家庭环境亲密度的得分越高、矛盾性得分越低，则中学生违纪、攻击性的得分越低（周燕燕等，2005）；家庭氛围对学生学业成绩的影响也是非常明显的，对高考生和高考状元的调查研究发现，拥有和谐温馨的家庭气氛是高考成绩优异的学生和高考状元的共同点，几乎所有的高考状元在谈到学业成功的因素时，都把家庭的和谐温馨放在特别重要的位置（张寿松，2004）。因此，家庭和谐可能是影响我国杰出科学家成长的最重要变量之一。

三、学校教育与导师

从小学、中学、大学本科到研究生，完整而系统的学校教育是我国杰出科学人才成长的必要条件，特别是生于新中国的杰出科学人才，几乎都完成了博士阶段的训练，并获得博士学位。在学校教育中，名校与名师是两个最重要的影响因素。虽然有许多科学创造性人才并非在学校教育的每个阶段都是就读名校，但大部分人在本科阶段和研究生阶段都是就读名校的，甚至有相当比例的人，从小学、中学到大学均就读名校。

从学校教育的环境状况来看，名校对一个人的影响主要体现在校风上。对于校风的界定，我国学术界主要存在两种认识：一种认为校风属于精神层面，即把校风定义为一所学校经过一定时期的积淀，整合而形成的该校比较稳定的教育观念、价值取向、思维方式和群体规范的内在精神及特定的文化品格。另一种认为校风属于行为倾向，即指一所学校长期积聚而形成的集体行为风尚，具有稳定的倾向性，并反映一所学校区别于其他学校的独特性（范丰慧、黄希庭，2005）。校风具有激励功能、凝聚功能和导向约束功能。良好的校风对学生的人格、心理健康、应对方式、自我价值感均有积极的影响（郑剑虹，2008）。上述研究发现，从总体上看，我国杰出科学人才具有积极的人格特征和良好的工作情感，这是与他们就读学校良好的校风熏陶分不开的。

导师或老师是杰出科学人才人生发展阶段的重要他人，对于个人学业和学术事业发展来说，其对杰出科学人才的影响超过父母亲，特别是在本科和研究生阶段，名师的教育熏陶对培养科学创造性人才具有重要意义。上述对院士和"长江学者"特聘教授的研究可以看出，导师对他们学术事业发展的重要作用，这种影响表现在研究方向的确立、重要学术研究成果的产出和学术交流等各方面。例如，上述对一位青年"长江学者"的生命故事研究发现，在研究生阶段学术兴趣和研究方向的转向，其两位导师起了关键作用，这为他后来个人事业的发展奠定了良好的基础。导师或老师的影响不仅表现在教学和学术水平对学生的影响，即学业和学术上的指导作用，而且老师的人格也会对学生的学业学术发展以及学生的人格产生影响。有研究表明，高校教师的人格魅力有利于培养大学生的创新精神和创新品格；有利于全面提高大学生人文素质，塑造健全人格；有利于强化大学生意志，锻造坚强品格（张晓云，2005）。较多的文献探讨了教师人格对教学效果和学生学业成绩的影响。焦丽梅（2005）认为教师高尚人格对学生从事研究性学习活动影响重大。在教师高尚人格效应的作用下，学生才能真正自主参与学习活动，并从中获得亲身参与研究探索的体验，同时产生一种积极的情感，逐步形成善于质疑、乐于探究、努力求知的心理倾向，灵活运用所学知识解决实际问题，并在此基础上有所发现、有所发明，甚至有所创造。

四、文化因素

本书表明，我国杰出科学人才的成长具有明显的地域文化特色。中国是目前世界上唯一一个具有五千年一脉相承文明史的国家。汉武帝时期，董仲舒罢黜百家，独尊儒术，确立了儒学成为之后两千年来中国主流文化的核心；自汉代古印度佛教传入我国，经过几个世纪的中国化改造，到了隋唐时期，佛学已成为与中国土生土长的道家文化、儒家文化并列的我国三大主流文化之一。同时，隋唐以来的科举取士制度的确立，我国官僚阶层与士大夫阶层，包括杰出科学人才的成长，无不受到这些主流文化特别是儒家文化的深刻影响，并随着政治与经济中心的转移，表现出浓郁的地域文化特征，即那些经济比较发达，处于政治中心，且注重家族文化传承与谱牒制度的地区，其杰出科学人才的比例远高于其他地区。我国江浙一带，自宋朝至今，一直是人才荟萃的沃土，是杰出科学人才比例最高的两个省份，这与江浙一带社会安定、经济发达刺激下形成的学风蔚盛、家族文化昌盛、文化氛围浓郁密切关联。一项对湖北不同地区杰出科学人才的地域分布研究发现，明清时期湖北人才地理分布极不平衡，70%集中于鄂东地区，其中一个原因是深厚的历史积淀和发达的文教事业，为鄂东人才的发展提供了最优土壤。鄂东地区不仅官学、书院教育、刻书业发达，又兼具义学、私学及家学传统，加上人口流动带来的文化交流，使得其尽得风气之先，成为明清时期湖北人才的高产之地（张晓纪，2016）。总之，不管是从全国不同省份的杰出科学人才地理分布来看，还是从一个省内的不同地区杰出科学人才的分布来看，都存在明显的地域文化分布特色，文化在杰出科学人才的成长中可能起着潜移默化的影响。

五、 个人生命故事

上述对院士和"长江学者"的心理传记与生命故事研究表明，个人独特的生命故事与其学术贡献或科学贡献密切相关，科学发现与科学理论的提出受科学家个人独特生命经历的影响。对潘菽院士如何从严格受自然科学训练的实验心理学家转向理论心理学大家的心理传记学研究发现，早期教育与家庭环境为潘菽从事中国古代心理学思想研究奠定了良好的传统文化基础；青少年时期对朱熹的英雄崇拜以及参与"五四"运动所激发的爱国精神是其发展中国特色心理学、追求成为大学问家的内在心理动力；重要他人以及时代、社会环境的影响是其转向理论心理学研究，成为理论心理学大家的外部因素。对袁隆平院士的生命故事研究发现，与母亲的亲密关系、恋爱挫折以及时代与环境的影响是其终身致力于杂交水稻研究，最终成为一个自我实现者的重要因素。总之，杰出科学人才的成长有其共同的特点与规律，从中总结这些特点与规律，对科学创造性人才的培养和学校教育实践有重要意义。但每个科学家都有其独特的生命故事，对其生命故事进行深入研究，不仅有助于了解科学家的生活、工作和人格特点，对每个人的成长也有独特的教育启示意义。

总之，我国杰出科学人才成长的影响因素包括内在个人因素和外部环境因素。上述的时代、传统文化、家庭、学校教育和导师是外部环境因素，个人的兴趣、人格、独特的生命经历是内部因素。我们认为驱动科学家进行科学职业选择和科学研究的动力包括科学兴趣、科学声望与科学价值，科学兴趣是一种内部动机，追求科学声望是一种外部动机，追求科学价值则既是内部动机也是外部动机。上述影响因素可以激发杰出科学人才的内外部动机，我国杰出科学家的成长更多地受到外部因素和外部动机的影响。

第三节　理论思考与结论

一、文化激励概念的提出

根据上述的研究结果，本书提出了文化激励这个概念来解释我国杰出科学人才成长的地域文化特点、家庭因素与环境因素的作用以及职业选择的深层文化原因。文化激励的概念包含两层含义：一是文化氛围的激励作用；二是文化榜样的激励作用。前者是从更大范围的文化地理环境或家族家庭环境来讲，后者是从纵向的历史传统来看。同时，文化氛围与文化榜样这两者又交互作用地对人才的成长产生影响。

美国学者莫顿（Merton）基于对科学创造性人才的研究，提出了优势积累理论，认为科学家在科学领域的不断成功会使其获得更多奖励和资源，这些奖励和资源又会使其获得更大的成功，越早获得资源，就会越领先于他人。因此，在成就、奖励和资源三者之间就形成一种积累优势的互动机制。马太效应即为其中的一个特例。莫顿的优势积累理论虽有较强的解释性，但不能完全解释我国杰出学术人才的成长过程。例如，上述研究发现，我国杰出科学人才的成长和分布存在地域文化因素的影响，即以江浙一带为多。文化激励的概念可以较好地解释这一现象。一是由于江浙历史上在相当长的时间内远离战乱，成了中原和北方文化人物避乱栖息之地，又因地处沿海，在近代首沐开放之风，由此，形成了一种博学崇文和开放包容的文化氛围。从社会心理学来讲，这是一种拱道效应，即这样的一种文化氛围犹如一个拱道，会对生活成长于斯的人产生积极的心理激励作用。此外，由于江浙地区文化世家密集，家族传统盛行，家族的历史和谱系上记载着许多杰出人物和文化名人，这些杰出人物往往以各种形式被宣传、膜拜和供奉，对该家族的后代来说，是其生命成长中的重要他人，起着一种榜样激励作用。同时，文化氛围与文化榜样这两者又交互作用地对人才的成长产生影响，造成了江浙地区盛产文化名人并形成独特的学人群体。

二、影响我国杰出科学人才成长的五因素轮式模型

根据本书结果，结合理论思考，本书提出了影响我国杰出科学人才成长的五因素轮式模型，如图1所示。我国杰出科学人才的成长受家庭因素、学校因素、时代环境、文化因素与个人独特生命故事的交互影响。家庭因素中家庭和

谐与父母抚养方式最重要；学校因素中校风和老师（导师）的影响最大；时代因素包括国家政策、国家稳定性和国家发展水平；文化因素涉及传统文化、地域文化与家族文化的影响。从我国杰出科学人才选择科学职业和从事科学研究的动机来看，科学兴趣的激发受家庭和学校因素的影响比较大，追求科学价值的动机主要受时代环境与文化因素的影响，追求科学声望的动机主要受个人独特生命经历的影响。

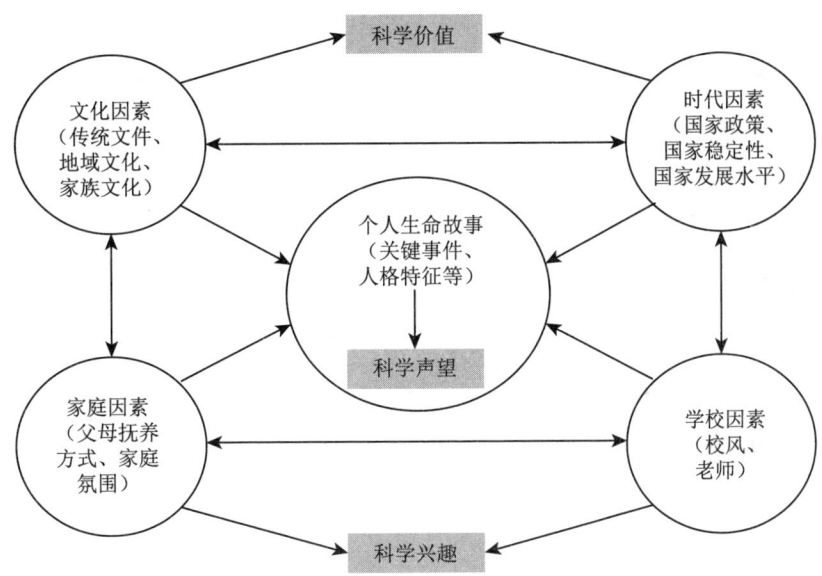

图1 杰出科学人才成长的影响因素（五因素轮式模型）

从上述研究可以看出，我国杰出科学人才的成长具有独特性，其中，文化因素中的地域文化因素和传统文化因素的影响以及时代因素中的国家政策和国家稳定性因素的影响是比较明显的。而家庭因素和学校因素的影响往往也从某种程度上折射出文化与时代这两个宏观因素的作用。亦即，我国科学创造性人才追求科学价值与科学声望，选择并献身科学事业，更多地受外在因素和宏观因素的影响，这是和西方杰出科学家成长的不同之处。从我国历史和传统来看，应该是比较重视教师和家庭在人才培养中的启蒙和引导作用的，但众所周知，后来在这两个方面都有所忽视和弱化，现在国家重新开始重视家庭建设，强调家风家教的作用，近期也颁布了《家庭促进法》以及多年来提倡尊师重教并采取一系列政策措施，因此，从微观层面通过家庭和教师来激发科学人才的科学兴趣就有了一个很好的基础和氛围。然后将宏观和微观因素、内在与外在因素结合起来，并将宏观和外在因素很好地贯彻或体现在内在和微观因素中，以共同促进杰出科学人才的培养与成长。从个人发展的层面来说，即将内在科学兴趣的产生与科学价值、科学声望的追求结合起来，这种结合也就反映了家庭、学校、文化与时代四个因素交互作用的结果。而从科学创造性研究与杰出科学人才培养的角度来看，对杰出科学人才的个人生命故事进行研究往往能够看出上述四个影响因素的交互作用，因为个人的生命故事不仅离不开家庭与教师的影响痕迹，同时，个人的生命故事也折射出文化与时代的烙印。此外，个人的生命故事能够很好且生动形象地反映出个体是如何产生科学兴趣，如何追求科学价值与科学声望的，并可作为一个具体鲜活的科学榜样来激励更多的人去从事和献身科学事业。

三、 研究结论

通过对上述全国"挑战杯"竞赛获奖者、"长江学者"和院士的研究，可以得出以下几点结论或观点：

1. 我国杰出科学人才具有明显的积极人格且具有一些共同的人格特点，包括坚持不懈、勤奋努力、严谨认真、坚强、有理想、高创造性等。认真严谨与创造性强可能是科学家区别于其他杰出群体的较为明显的人格特征；爱国和奉献是我国杰出科学人才的两个鲜明人格特征，特别是在老一辈科学家身上这种人格特征尤为突出。

2. 时代环境与家庭因素是我国杰出科学人才成长的两个最重要因素；在

第六章　我国杰出科学人才成长特点、影响因素与教育建议

家庭因素中，家庭和谐起重要作用；亲人和老师是我国杰出人才成长的两个最主要的重要他人。时代环境与家庭因素的背后体现了我国优秀传统文化的影响。

3. 与国外科学家的研究相比，我国杰出科学人才（特别是院士）选择科学职业的预示变量更多的是受时代环境与家庭因素的影响，与个人变量如人格、情感、学业成绩和兴趣的关联相对较弱。换言之，我国杰出科学人才选择从事科学职业的动力更多是基于科学价值与科学声望的追求，较少受科学兴趣的影响。

4. 个人独特的生命故事与其学术贡献或科学贡献密切相关，科学发现与科学理论的提出受科学家个人独特生命经历的影响。这种独特的生命经历包括个人的情感经历、家庭背景与氛围、与亲人的关系、学校教育与老师、所处时代等。

5. 担任行政职务是我国杰出科学人才的特色，是否对科学研究和国家科学事业发展产生不利影响还有待于深入研究。

6. 获得博士学位是成为杰出科学人才的基础条件。

7. 我国杰出人才存在性别、学科和地域分布的不平衡。其中，性别比例严重失衡；人文社会科学的杰出人才比例低；杰出人才的出生地具有明显的地域分布特色，即出生于江浙等省的杰出人才的比例要远超其他省份。

8. 我国杰出人才学科训练背景较为单一，成才时长（即从获得博士学位到获得人才称号的时间长度）具有明显的学科特点。自然科学类杰出人才的成才时长最短，社会科学类次之，人文学科类杰出人才成才时长最长。这一方面体现了学科的不同性质和成才规律，另一方面提示我们在不同学科的人才培养和人才成长方面时间或年龄所起的作用。

9. 当前，留学经历对我国杰出科学人才的成长仍起重要作用。留学与我国的经济发展状况有关，随着我国经济的发展、教育水平的提高以及国力的强

盛，留学经历在培养我国杰出科学人才上的作用会逐渐减弱。

10. 寒门能否生贵子主要是社会问题而非家庭经济问题。中国传统文化有利于寒门生贵子，白屋出公卿。

第四节 我国杰出科学人才的教育和培养建议

根据上述的研究结果与理论思考，本书提出以下几点教育与培养建议。

一、加强优秀传统文化教育，厚实我国杰出人才培养的文化基础

本书表明，我国杰出科学人才特别是院士的人格特征和成长过程深受包括地域文化、家族文化在内的我国优秀传统文化的影响。北京大学陈来教授（2015）认为，跟西方文化相比，中国传统文化的价值观体系是"责任先于自由、义务先于权利、群体高于个人、和谐高于冲突"。我国杰出科学人才的培养是为我国社会主义建设服务的，近几年，我国留学人员回国就业服务的比例大幅增加，根据2020年12月教育部网站公布的信息，从1978年至2019年，各类出国留学人员累计达656.06万人，其中490.44万人已完成学业，423.17万人在完成学业后选择回国发展，占已完成学业群体的86.28%。但与此形成鲜明对比的是，本科毕业于我国顶尖大学的留学生，却有相当大的比例留在国外发展，而这些学生都是我国各领域的顶级人才，这也是最近一段时间我国两所顶尖大学遭受社会诟病的原因，还有少部分留学生也因吹捧他国、诋毁祖国培养而被痛批。因此，从政府层面、学校层面应进一步加强人才培养过程中的优秀传统文化教育，重视地方特色文化传承和家族优秀文化传承，培养像老一辈杰出科学家那样有责任担当的爱国者和

社会主义建设者。

二、加强教育公平，实施高等教育弱势补偿，促进社会阶层流动

在本书中，生于新中国的院士近 2/3（63%）来自农村家庭，这是一个相当高的比例，反映了生于 20 世纪五六十年代的院士能够通过自身的努力，考上大学，出国深造，实现阶层的流动，进而为国家做出巨大贡献。20 世纪五六十年代出生的中国院士，其入学大学的时间在 70 年代和 80 年代，70 年代大学的入学政策向农民子女倾斜，70 年代末恢复高考制度以后至整个 80 年代，大学入学的公平考试、不收学费以及公费留学的政策保证了有更多农家子女不受家庭经济问题制约，可通过自身努力考上大学或出国深造，体现了当时的弱势补偿、教育机会均等、恢复高考制度与实现考试公平的重要意义。

但进入 20 世纪 90 年代以后，特别是 90 年代中后期，随着大学收费、招收自费生、委培生和自主招生等政策的实施，农民子女进入大学和重点大学的比例逐渐下降，据 2009 年人民网教育频道引用麦可思公司对 2008 届应届毕业大学生的调查，农民和农民工的子女就读 211 大学的比例为 41%，低于其生源比例。梁晨等人（2012）在《中国社会科学》发表的文章统计发现，1985—1994 年，北京大学农民子女比例占 21.40%，而 1995—1999 年，该比例降至 15.02%。杜嫱（2018）对 2008—2015 年间七所 985 院校的大学生的调查研究也发现，优质高等教育机会更加倾斜于家庭社会经济地位较高的阶层，不公平程度"似乎"在扩大而非减弱。2014 年 1 月 15 日，时任教育部部长的袁贵仁在全国教育工作会议上提出，要进一步提高农村学生进入重点大学的比例；积极稳妥破解考试招生制度难题，出台考试招生违规处理等五个配套"实施意见"，开展改革试点，改进考试内容，确保公平公正。最近，媒体曝光了山东农家女陈春秀和苟晶被冒名顶替上大学的事件，引发舆论哗然，仅山

东一省在2002—2009年在读大学生中就查出242名冒名顶替者，让人震动。虽然，农民子女和低收入或低阶层子女进入大学和重点大学的比例低是一个世界普遍性问题，但生于新中国五六十年代的院士大多为农家子女的事实说明，我国社会主义制度的优越性以及重视教育的文化传统和历史传统，在如何做好教育与考试公平、教育均衡发展、高等教育弱势群体补偿、大学基础学科拔尖人才培养的政策倾斜等方面，可以更多地考虑和倾听农民子女和低收入阶层的教育诉求，尽可能降低家庭社会经济地位的影响，以促进阶层合理有序地流动和社会的和谐稳定。

三、重视家教和家风建设，实施人才培养家庭行动计划

习近平总书记对家教和家风建设有许多论述，如"家庭是人生的第一个课堂"（《习近平谈治国理政》第二卷：354），"家风是社会风气的重要组成部分"（《习近平谈治国理政》第二卷：355）等。在家风的传承问题上，家训、家规和家教起着至关重要的作用，尤其是家教的作用更不可替代。正如2016年12月习近平总书记在会见第一届全国文明家庭代表时所指出的那样，"孩子们从牙牙学语起就开始接受家教，有什么样的家教，就有什么样的人"。中国历史传统一直十分重视家庭建设，儒家八目的"格物、致知、诚意、正心、修身、齐家、治国、平天下"体现了对人教育的根本思想，其中的齐家是至关重要的一环，上传修身，下启治国，它的第一要义是强调家庭教育中家长的榜样对孩子成长的重要作用。前述有关家庭环境氛围对孩子成长影响的许多研究也证明了此点。本书发现，生于新中国的35名院士中，无论是来自城镇家庭还是农村家庭，其家庭氛围都比较和谐，父母十分重视孩子的教育。虽然来自农村家庭的院士的父母文化程度低，家庭经济条件差，但对孩子的发展和教育的作用都抱有很高的期望和信任，家庭成员团结一致，省吃俭用，供孩子念书。在当时，家庭的社会经济背景并未对孩子的发展产生多少影响。最近一二

十年来，家庭社会经济地位在一定程度上对农家子弟接受优质高等教育产生了影响，但这种外部影响因素，通过城镇化建设、废除城乡在教育上的二元分割制度、改革高校招生制度、收费制度和助学制度以及发挥我们的制度优势，可以在某种程度上得到改善。而家教和家风等内部影响因素，在当前，对其建设有所忽视或弱化或办法不多，需要实施由政府或社区指导下的人才培养家庭行动计划，包括增加家庭成员接触的时间，促进家庭成员关系的融洽；父母采取民主型和权威型的抚养方式；学习和宣传传统文化在家庭建设中的作用；加强父母承担责任的意识；发挥政府相关机构如中华全国妇女联合会、中国共产主义青年团在家庭建设中的作用等。

四、加强学术人才培养的多学科交叉训练

虽然本书发现，多学科训练背景的"长江学者"只占 20.4%，但有人研究了教育学科"长江学者"特聘教授的多学科交叉训练背景，认为交叉学科背景有利于人才具有宽厚的知识基础以及日后的科学研究（宋晓欣等，2018）。从理论上讲，多学科交叉训练可以拓宽思维和视野，有助于打破学科壁垒和单一学科的固有思维，而且能从多学科的视角来解决复杂问题，或借鉴不同学科的理论和方法来解决当前学科的问题，产生新的突破，并有助于开拓跨学科研究领域。国家相关政策、制度和有关举措也是鼓励人才培养的跨学科性，例如，2013 年，教育部颁布的《关于深化研究生教育改革的意见》就明确指出，要创新人才培养模式，鼓励多学科交叉培养；2020 年 11 月，国家自然科学基金委员会成立交叉科学部；2021 年 1 月，国务院学位委员会、教育部颁布《国务院学位委员会 教育部关于设置"交叉学科"门类、"集成电路科学与工程"和"国家安全学"一级学科的通知》，交叉学科成为我国第 14 个学科门类；据我们不完全统计，目前我国已有 20 多所高校成立了交叉科学研究院，但从当前我国高端人才的培养来看，多学科交叉训练的培养模式还做

得不够。国家及相关部门还需要进一步制定更有针对性或专门性的政策和措施，或进一步设立更多的专门机构来推进多学科训练背景的复合型人才的培养，以应对 21 世纪面临的复杂问题和前沿科学问题，以及促进更多具有跨学科视野的学术领军人才的成长。

五、加强人文社会科学领域杰出人才的培养

本书表明，人文社会科学领域的"长江学者"占比还不到二成（16.3%），与自然科学领域的"长江学者"相比，比例悬殊。2011 年 11 月中共中央办公厅、国务院办公厅转发了《教育部关于深入推进高等学校哲学社会科学繁荣发展的意见》，教育部、财政部也于同年印发了《高等学校哲学社会科学繁荣计划（2011—2020 年）》。2016 年 5 月习近平总书记在哲学社会科学工作座谈会上的讲话指出：一个国家的发展水平既取决于自然科学发展水平，也取决于哲学社会科学发展水平；人类社会每一次重大跃进，人类文明每一次重大发展，都离不开哲学社会科学的知识变革和思想先导。人文社会科学领域"长江学者"的占比过小在某种程度上说明，我国离哲学社会科学的繁荣发展阶段还有较大的差距。因此，为了加强人文社会科学"长江学者"的培养，一是要从思想上高度重视，坚决贯彻相关政策文件和领导人讲话的精神；二是针对成才时间长的问题，要采取多种措施，制定有针对性的政策，让更多的人文社会科学学者更好、更快地成长；三是要在"长江学者"特聘教授的评聘中增加人文社会科学学者的比例，以调动人文社会科学家的积极性和主动性。

六、鼓励有潜力的学术人才"向上"合理流动

本书表明，近七成的"长江学者"特聘教授至少在两个及以上的单位工作过。类似的一些研究也得出了相同的结论（王帆等，2015），但有研究采用回归分析发现，工作机构的变迁次数越多，对"长江学者"的成长越不利，

而首次在顶级机构工作则对"长江学者"的成长有显著的积极影响（萧鸣政、唐秀峰，2018）。因此，国家及相关部门在制定人才政策时，要考虑人才的适度和合理的流动，对于流动过于频繁者，要给予一定的限制。合理的流动则体现在向上导向的流动，即适度鼓励有潜力的学术人才向综合实力和学科实力更强的机构流动，而非经济导向的流动，即避免以薪水和待遇的多寡来争夺学术人才；但同时又要考虑地区之间在学术人才方面的平衡，以避免进一步加剧中西部人才流向东部地区。

七、多渠道培养学术拔尖人才，鼓励本科毕业后留学

多渠道培养学术高端人才一方面表现在要发挥非211高校或一般高校在学术人才成长中的作用；另一方面表现在与国外机构联合培养或鼓励各种形式的留学。本书表明，"长江学者"特聘教授的第一学历或最高学位来自非211高校占一定的比例，说明非211高校或一般高校也是培养杰出科学人才的组成部分。在新一轮的"双一流"建设中，更要充分发挥和重视非211高校或地方高校在杰出学术人才培养过程中的作用，出台相应政策，给予政策倾斜，引导更多杰出学者到非211高校任教，增强非211高校的自信，推动非211高校更快、更好地发展。

本书表明，留学经历对"长江学者"的成长成才有一定影响，近2/3的"长江学者"特聘教授有国外留学背景，说明在现阶段，留学国外或与国外高水平机构联合培养仍然是我国杰出学术人才成长的重要途径。近年来，各高校也很重视教师的留学背景和国际化交流，大都制定相关政策，要求教师和科研人员要有出国留学经历和国际学术交流经验，这有助于教师了解国际学术动态，掌握发达国家的先进技术、方法和理念，建立国际合作和交流关系，促进教师的进一步成长。但从缩短人才成长时间以及年轻学术人才培养的角度来看，本科毕业后留学是一个值得考虑的措施，因此，各高校不仅要考虑在职教

师的成长，还要考虑学生培养，通过与国外机构联合培养，制定相应政策，密切家校联系，支持、鼓励和引导有学术潜力的本科毕业生出国留学。本科毕业生出国留学不仅能接受不同文化和不同教育方式的训练，且能缩短受教育时长，促进学术人才更快、更好地成长，这是本科毕业后留学的一个重要优势。但我国的研究生教育质量也在不断提升，鼓励本科毕业后留学，一要考虑国外留学高校的教育质量和研究水平，二要考虑如何防止人才流失国外，以促进留学生能够学成回国报效国家。

参考文献

(一) 中文参考文献

习近平（2017）．习近平谈治国理政（第二卷）．北京：外文出版社．

[奥]阿德勒（1932/2016）．超越自卑（张艳华译）．北京：清华大学出版社．

[美]艾伯特．主编（1988）．天才和杰出成就（方展画，顾建民译）．杭州：浙江人民出版社．

卜晓勇（2007）．中国现代科学精英．合肥：中国科学技术大学博士学位论文．

车文博，叶浩生（2009）．中外心理学比较思想史(第三卷)．上海：上海教育出版社．

车文博，葛鲁嘉（1986）．历史的总结 革新的构想——评潘菽教授的《心理学简札》．心理学探新（2），1-6．

陈祥美，洪雅琴（2016）．心理传记学的书写实践：以梁启超、林语堂、卜舫济为例．第十九届全国心理学学术会议摘要集，西安，2016-10-14．

陈沛霖（1984）．立足批判 锐意探新——读潘菽教授《心理学简札》．心理学探新（4），1-8．

陈来（2015）．中华文明的核心价值——国学流变与传统价值观．北京：生活·读书·新知三联书店．

陈启文（2016）．袁隆平的世界．长沙：湖南文艺出版社．

陈仕伟（2015）．我国青年杰出科技人才成长问题的思考及启示：基于1992—2006年"中国青年科学家奖"获得者的样本分析．山东科技大学学报（社会科学版），(5)，9-17．

陈祥美（2019）．心理传记学研究方法操作之初探：以du Plessis的逐步法为例．见郑剑虹，刘电芝主编．心理传记与质性心理学（第六辑）．北京：中央编译出版社，1-33．

陈其龙，廖文武（2011）．科学精英是如何造就的——从STS的观点看诺贝尔自然科学奖．上海：复旦大学出版社．

杜嫱（2018）．谁家的孩子进入了"985"院校——关于优质高等教育机会分配的纵向研究．山东高等教育（5），54-65．

范丰慧，黄希庭（2005）．中学校风因素结构的探索性分析．心理科学，28（3），533-536．

付连峰（2015）．当代中国的科技精英及其形成路劲研究．天津：南开大学博士学位论文．

[奥]弗洛伊德著（1905/2015）．性学三论（贾宁译）．南京：译林出版社．

[奥]弗洛伊德著（1910/2014）．达·芬奇的童年回忆（阎伟萍译）．北京：金城出版社．

高阵雨，陈钟，王长锐等（2019）．我国高层次科技人才流动情况探析：以国家杰出青年科学基金获资助者为例．中国科学基金（4），363-366．

郭有遹（2002）．创造心理学．北京：教育科学出版社．

郭奕玲，沈慧君（2000）．诺贝尔奖的摇篮——卡文迪什实验室．武汉：武汉出版社．

郭美荣，彭洁，赵伟等（2011）．中国高层次科技人才成长过程及特征分析：以"国家杰出青年科学基金"获得者为例．科技管理研究（1），135 - 138．

郭久麟（2016）．袁隆平传．重庆：西南师范大学出版社．

谷传华，陈会昌，许晶晶（2003）．中国近现代社会创造性人物早期的家庭环境与父母教养方式．心理发展与教育，19（4），17 - 22．

何其二（2011）．英雄崇拜与理想人格塑造．桂海论丛，27（2），46 - 48．

［匈］豪尔吉陶伊（2007）．通过斯德哥尔摩之路——诺贝尔奖、科学和科学家（节艳丽译）．上海：上海科技教育出版社．

黄海刚，连洁，曲越（2018）．高校"人才争夺"：谁是受益者？——基于"长江学者"获得者的实证分析．北京师范大学学报（社会科学版），(5)，39 - 51．

黄涛，黄文龙（2015）．杰出科技人才成长的"四优环境"：以23位"两弹一星"功勋科学家群体为例．自然辨证法研究（7），59 - 64．

焦丽梅（2005）．论教师的人格效应与研究性学习．辽宁师专学报（社会科学版），(6)，66 - 67．

姜璐，董维春，刘晓光（2018）．拔尖创新学术人才的成长规律研究——基于青年"长江学者"群体状况的计量分析．中国大学教学（1），87 - 91．

梁晨，李中青，张浩等（2012）．无声的革命：北京大学与苏州大学学生社会来源研究（1952—2002）．中国社会科学（1），98 - 118．

李峰，吴蝶（2016）．高等教育背景如何影响不同学科科技人才成长——以教育部"长江学者"特聘教授为例．高等教育研究，37（10），42—48．

李芳方, 徐红（2021）. 近三十年以来国内状元研究综述. 职大学报（3）, 11-17.

林秉贤（1983）. 论早期教育. 青年研究（2）, 30-36.

刘少雪, 庄丽君（2011）. 研究型大学科学精英培养中的优势累积效应——基于诺贝尔奖获得者和中国科学院院士本科就读学校的分析研究. 江苏高教（6）, 86-89.

刘欣, 高策（2018）. 华人杰出物理科学家群体特征的计量分析. 自然辩证法研究, 34（2）, 103-107.

刘超, 吴殿廷, 顾苏丹等（2004）. 高级人才成材因素的初步研究——中国科学院院士成材背景的统计分析. 人文地理（5）, 64-68.

刘亚俊, 王黎明, 覃孟扬（2008）. 科学家之路：从博士研究生到诺贝尔物理学奖得主. 大学物理（7）, 37-40.

刘云波（2017）. 江浙学人群体与近代中国的学术文化转型. 求索（11）, 164-173.

马文驹（1985）. 开展心理科学的战略学研究——读潘菽教授著《心理学简札》体会之一. 心理学探新（2）, 11-14.

牛珩, 周建中（2012）. 基于CV分析方法对中国高层次科技人才的特征研究：以"百人计划"、"长江学者"和"杰出青年"为例. 北京科技大学学报（社会科学版）,（2）, 96-102.

明媚, 沈丽丽（2020）. 杰出科学家"大五"人格特质研究——基于对日本诺奖获得者的CV分析. 中国高校科技（10）, 50-53.

潘宁堡, 陈绍英（2008）. 回忆父亲潘菽二三事. 中国统一战线（2）, 56-57.

宋晓欣, 马陆亭, 赵世奎（2018）. 教育学科高层次人才成长规律探究——以22位"长江学者"为例. 中国高教研究（3）, 51-5.

[美]舒尔茨（2005/2011）.心理传记学手册（郑剑虹等译）.广州：暨南大学出版社.

田起宏，刘正奎（2012）.国家杰出青年科学基金获得者的一般特征和早期成长因素探析.中国高教研究（10），21-24.

王高峰，孔青青，徐飞（2020）.中外杰出科学家行政任职状况比较研究.中国科技论坛（11），129-136.

王帆，郭洪林，张冉（2015）.人文社会科学领军人才成长特征研究——基于"长江学者"特聘教授的分析.中国人民大学教育学刊（4），128-144.

王帆（2018）.文科"长江学者"特聘教授晋升与学术绩效间的关系研究.复旦教育论坛，16（5），76-82.

王瑜，王玉玮，刘子英（2004）.学习成绩、家庭环境对学龄儿童自我意识的影响.中国行为医学科学（2），199-200.

乌云其其格（2018）.国外高端人才计划的情况和特点.中国人才（3），60-61.

徐祥运，林琳（2014）.中外杰出科学家行政任职差异的定性和定量比较.自然辨证法研究，30（5），66-72.

徐飞，卜晓勇（2006）.诺贝尔奖获得者与中国科学家群体比较研究.自然辩证法通讯（2），52-59.

萧鸣政，唐秀锋（2018），哲学社会科学人才如何评价——基于"长江学者"成长影响因素的实证研究.行政论坛（5），106-116.

谢长江（2000）.袁隆平与杂交水稻.长沙：湖南科学技术出版社.

杨得前，姜群（2018）."长江学者"特聘教授成长路径研究.高教探索（5），27-35.

杨汝元，刘金同（2003）.493例少年个性特征与家庭环境关系的研究.山东医药（13），51-52.

燕国材（2012）．中国心理学史．北京：开明出版社．

叶浩生（2004）．西方心理学理论与流派．广州：广东高等教育出版社．

应思远（2017）．赵梓森院士自大情绪特质的心理传记学研究．武汉：华中师范大学硕士学位论文．

袁隆平，辛业芸（2015）．中国工程院院士传记——袁隆平自传．长沙：湖南教育出版社．

袁隆平（2010）．稻子熟了，妈妈我想您了．袁隆平 80 岁生日晚会致辞．

赵伟，徐琳（2012）．基础研究青年拔尖人才的关键成长路径研究——基于信息科学领域国家杰出青年科学基金获得者的分析．科技管理研究（6），117–120．

赵莉如（1996）．心理学在中国的发展及其现状（上）．心理学动态，4（1），24–29．

张寿松（2004）．高考生家庭环境的调查研究．当代教育论坛（4），52–53．

张晓云（2005）．高校教师人格力量对大学生成长的影响．河南职业技术师范学院学报（职业教育版），（2），80–81．

张晓纪（2016）．明清时期湖北人才地理分布研究——以列传人物、进士为中心．武汉：华中师范大学博士学位论文．

张俊杰，刘婷，陈艳玲等（2021）．留守经历农村大学生人际关系敏感对心理健康的影响：自我效能感和情绪的多重中介作用．华北理工大学学报（医学版），（4），303–315．

中国科学院心理研究所（2007）．潘菽全集（第一卷、第五卷、第六卷、第十卷）．北京：人民教育出版社．

郑剑虹（1997）．梁漱溟人格的心理传记学研究．重庆：西南师范大学硕士学位论文．

郑剑虹（2006）．中国现当代成就人物人格特征的传记分析研究．湛江师范学院学报（5）：110–116.

郑剑虹（2008）．论自强人格．合肥：安徽教育出版社．

郑剑虹（2011）．心理传记学研究的质量结合模式与资料筛选．第七届华人心理学家学术研讨会论文，台湾台北．2011年9月．

郑剑虹（2012）．心理传记法．见张志杰著．心理学研究方法．北京：开明出版社．

郑剑虹，黄希庭（2013）．国际心理传记学研究述评．心理科学（6），1491–1497.

郑剑虹（2014）．心理传记学的概念、研究内容和学科体系．心理科学（4），776–782.

郑剑虹（2014）．中国大陆的心理传记学研究及其质量结合模式．见郑剑虹，李文玫，丁兴祥主编．生命叙事与心理传记学（第一辑）．北京：中央编译出版社．

郑剑虹，潘枫（2014）．中国杰出自然科学家（院士）的创造性、影响因素及教育启示．中国特殊教育（9），37–42.

郑剑虹（2017）．生命故事访谈法：一种新的质性研究方法．见郑剑虹，赖诚斌，丁兴祥主编．生命叙事与心理传记学（第四辑）．北京：中央编译出版社，1–27.

郑剑虹（2019）．超常教育视角下潜在科学创新人才的成长特点及教育启示．苏州大学学报（教育科学版），7（3），75–82.

朱孔香，路宝风，陈明慧等（2003）．大学生家庭环境因素与社交、焦虑的关系研究．中国行为医学科学，12（5），574–575.

周燕燕，林穗方，黄菁（2005）．中学男生行为问题与家庭环境的典型相关分析．中国学校卫生，26（2），96–97.

(二) 英文参考文献

Alexander, I. E. (1988). Personality, psychological assessment, and psychobiography. In McAdams & Ochberg(Eds.), *Psychobiography and Life Narratives.* Durham and London: Duke University Press.

Alexander, I. E. (1990). *Personology: Method and Content in Personality Assessment and Psychobiography.* Durham and London: Duke University Press.

Alexander, I. E. (2005). Erikson and psychobiography, psychobiography and erikson. In Schultz, W. T. (Eds.), *Handbook of Psychobiography.* New York: Oxford University Press.

Baumrind, D. (1991). The influence of parenting style on adolescent competence and substance use. *The Journal of Early Adolescence,* 11(1), pp. 56 – 95.

Baumrind, D. (2005). Patterns of parental authority and adolescent autonomy. *New Directions for Child and Adolescent Development,* 2005(108), pp. 61 – 69.

Crosby, F. & Crosby, T. L. (1981). Psychobiography and psychohistory. In S. L. Long(Ed.), *The Handbook of Political Behavior.* New York: Plenum, pp. 195 – 254.

DuPlessis, C. (2017). The method of psychobiography: Presenting a step-wise approach. *Qualitative Research of Psychology,* 14(2), pp. 216 – 237.

Eiduson, B. T. & Seeger, R. J. (1962). Scientists: Their psychological world. *American Journal of Physics,* 30(12), pp. 933 – 934.

Elms, A. C. (1994). *Uncovering lives: The uneasy aliance of biography and psychology.* New York: Oxford University Press.

Elms, A. C. (2005). If the glove fits: the art of theoretical choice in psychobiography. In Schultz, W. D. (Ed.), *Handbook of Psychobiography.* New York:

Oxford University Press.

Erikson, E. H. (1968). *Identity: Youth and Crisis.* New York: Norton Fouché.

J. P. & Holz, T. (2015). Roald Dahl: A psychosexual developmental trajectory study illustrated within psychobiography. *Journal of Psychology in Africa,* 25(5), pp. 403–413.

Kim, J., Ott, M. & Dippold, L. (2020). University and department influences on scientists' occupational outcomes. *Research in Higher Education,* 61, pp. 197–228.

Maslow, A. H. (1970). Motivation and personality(2nd ed.). New York: Harper & Row.

Merton, R. K. (1988). The matthew effect in science, II: Cumulative advantage and the symbolism of intellectual property. *ISIS,* 79(4), pp. 606–623.

MacKinnon, D. W. & Hall, W. B. (1973). Intelligence and creativity. In Eiduson & Beckman(Eds.), *Science as Career Choice: Theoretical and Empirical Studies.* New York: Russell Sage Foundation.

Manuel, F. E. (1990). *A portrait of isaac newton.* Boston: Da Capo Press.

McAdams & Ochberg(1988). *Psychobiography and life narratives.* Durham and London: Duke University Press.

McAdams, D. P. (1996). Personality, modernity, and the storied self: A contemporary framework for studying persons. *Psychological Inquiry,* 7(4), pp. 295–321.

McAdams, D. P. (2001). *The person: An integrated introduction to personality psychology* (3rd ed.). New York: Harcourt Inc.

McAdams, D. P. (2005). What psychobiographers might learn from personality psychology. In Schultz, W. T. (Eds.), *Handbook of Psychobiography.* New York: Oxford University Press.

O'Connell & Russo(2013). Mary D. Salter Ainsworth: An autobiographical sketch. *Attachment & Human Development,* (15), pp. 448 – 459.

Ponterotto, J. G. (2014). Best practices in psychobiographical research. *Qualitative Psychology,* (1), pp. 77 – 90.

Runyan, W. M. (1982). *Life histories and psychobiography.* New York: Oxford University Press.

Runyan, W. M. (1988). Progress in psychobiography. In McAdams & Ochberg (Eds.), *Psychobiography and Life Narratives.* Durham and London: Duke University Press.

Simonton, D. K. (2012). Citation measures as criterion variables in predicting scientific eminence. *Measurement,* 10(3), pp. 170 – 171.

Simonton. D. K. (1992). Leaders of american psychology, 1897 – 1967: Career development, creative output, and professional achievement. *Journal of Personality and Social Psychology,* 62 (1), pp. 5 – 17.

Scultz, W. T. (2002). The prototypical scene: A method for generating psychobiographical hypotheses. In McAdams, D. P., Josselson, R. & Lieblich, A. (Eds.), *Up Close and Personal: Teaching and Learning Narrative Research.* Washington, DC: American Psychological Association Press.

Zheng, J. -H., Ji, C. -H. & He, W. -M. (2021). A fortunate self-actualised man: A psychobiographical study of yuan longping. *Journal of Psychology in Africa,* 31(4), pp. 416 – 423.

附　录

附录1　生命故事访谈提纲

(一) 主述阶段 (1个问句)

1. 请您谈谈您从小到现在的人生经历，越详细越好。

(二) 补问阶段 (12个问句)

2. 首先补问主述阶段漏讲或略讲的内容。(例如，刚才您只简单一句话提到初中阶段，能否详细说说?)

3. 您与母亲和父亲的关系怎样？(或您与家人的关系怎样?)

4. 您是如何看待自己的外表和身体状况的？

5. 请详细谈谈在您的生命中有哪些人对您的影响很大？

6. 请详细谈谈您生命中最快乐、幸福的事情？

7. 请详细谈谈您生命中最痛苦、悲伤的事情？

8. 请详细谈谈有哪些事情使您的人生发生了重大

改变？

9. 请详细谈谈您最早的记忆。

10. 请详细谈谈您最深刻的记忆。

11. 请详细谈谈您未来的计划、想法和打算。

12. 您如何看待自己的人生经历？

附录2　生命故事访谈逐字稿转录范本

文本编号：

访 谈 者：

访谈时间：　　年　月　日　下午　点　分至　点　分。共计　时　分

访谈地点：

访谈对象：　　性别：　　年龄：　　职业（或身份）：

转 录 者：

转录完成时间：

转录代号说明：

1. 说话中语句的停顿，括号内依秒计数。例如：……（停顿2秒、3秒等等）

2. 语音或内容不清楚之处以括号问号表示，并计秒数。例如：(？秒)

3. 叙说时出现重音或强调。加下划线以表示。

4. 笑或哭的语音代号，并于括号内计秒数。例如：（笑,？秒），（大笑,？秒）（哭出声,？秒）（大哭出声,？秒）（流泪,？秒）。

5. 边哭边说，或边笑边说，需要在说的句子下加"."，并在后面列出哭或笑及其秒数

6. 语音的性质说明。例如：(叹气声)（咳嗽声)。

7. 访谈者代号为"访";受访者代号为"受"。

8. "备注"记录访谈过程中观察到的受访者的表情及其他身体姿势语言等。

行号	转录正文	备注
1 访:	□□□□□□□□□□□□□□□□□□□□□□□	
2	□□□□	
3 受:	□□□□□□□□□□□□□□□□□□□□□□□	
4	□□□□□□□□□□□□□□□□□□□□□□□	
5	□□□□□□□□□□□	

附录3 新中国出生院士的人格特征公众观调查问卷

您的身份: □大学教师　　□研究生　　□本科生

1. 下面是21个人格形容词,请您根据自己对新中国出生的院士的了解,对这21个人格形容词作与其人格符合程度的判断:完全符合;比较符合;基本符合;比较不符合;完全不符合

勤奋努力	创造性
坚持不懈	聪慧
有理想	认真严谨
坚强	才华横溢
有勇气	谦虚随和
爱国	奉献

(续表)

责任心强	诚实
乐观豁达	爱岗敬业
正直坦率	高尚无私
甘于寂寞	热情善良
自信	

2. 下面是21个人格品质的形容词，请您根据自己的理解，对这21个人格形容词对成长为院士的重要性作判断：非常重要；比较重要；一般；比较不重要；完全不重要

勤奋努力	创造性
坚持不懈	聪慧
有理想	认真严谨
坚强	才华横溢
有勇气	谦虚随和
爱国	奉献
责任心强	诚实
乐观豁达	爱岗敬业
正直坦率	高尚无私
甘于寂寞	热情善良
自信	

附录4 成就动机量表

请认真阅读下面的每个句子，判断句中的描述符合你的情况的程度，并在每一句话后面的相应位置打"√"。

项目	非常不符合	有些不符合	不能确定	有些符合	非常符合
1. 我喜欢新奇的、有困难的任务，甚至不惜冒风险。					
2. 我讨厌在完全不能确定会不会失败的情境中工作。					
3. 我在完成有困难的任务时，感到快乐。					
4. 在结果不明的情况下，我担心失败。					
5. 我会被那些能了解自己有多大才智的工作吸引。					
6. 在完成我认为是困难的任务时，我担心失败。					
7. 我喜欢尽最大努力能完成的工作。					
8. 一想到要去做那些新奇的、有困难的工作，我就感到不安。					
9. 我喜欢对我没有把握解决的问题坚持不懈地努力。					
10. 我不喜欢那些测量我能力的场面。					
11. 对于困难的任务，即使没有什么意义，我也很容易卷进去。					
12. 我对那些没有把握能胜任的工作感到忧虑。					
13. 面对能测量我能力的机会，我感到是一种鞭策和挑战。					
14. 我不喜欢做我不知道能否完成的事，即使别人不知道也一样。					
15. 我会被有困难的任务吸引。					
16. 在那些测量我能力的情境中，我感到不安。					
17. 对于那些我不能确定是否能成功的工作，最能吸引我。					
18. 对需要有特定机会才能解决的事，我会害怕失败。					
19. 给我的任务即使有充裕的时间，我也喜欢立即开始工作。					
20. 那些看起来相当困难的事，我做时很担心。					
21. 能够测量我能力的机会，对我是有吸引力的。					
22. 我不喜欢在不熟悉的环境下工作，即使无人知道也一样。					
23. 面临我没有把握克服的难题时，我会非常兴奋、快乐。					

(续表)

项目	非常不符合	有些不符合	不能确定	有些符合	非常符合
24. 如果有困难的工作要做，我希望不要分配给我。					
25. 如果有些事不能立刻理解，我会很快对它产生兴趣。					
26. 我不希望做那些要发挥我能力的工作。					
27. 对我来说，重要的是做有困难的事，即使无人知道也无关重要。					
28. 我不喜欢做那些我不知道我能否胜任的事。					
29. 我希望把有困难的工作分配给我。					
30. 当我遇到我不能立即弄懂的问题，我会焦虑不安。					

附录5 积极心理资本问卷

指导语： 下列的一些题目用来考察你自己日常生活方面的一些情况，答案没有对错之分，无须花费太多时间考虑，凭第一感觉回答即可。请判断每一句陈述和您自身情况的符合程度，并在该句话后面相应的位置打"√"。

项目	完全不符合	不符合	有些不符合	说不清	有些符合	符合	完全符合
1. 很多人欣赏我的才干。							
2. 我不爱生气。							
3. 我的见解和能力超过一般人。							
4. 遇到挫折时，我能很快地恢复过来。							
5. 我对自己的能力很有信心。							
6. 生活中的不愉快，我很少在意。							
7. 我总是能出色地完成任务。							
8. 糟糕的经历会让我郁闷很久。							

(续表)

项目	完全不符合	不符合	有些不符合	说不清	有些符合	符合	完全符合
9. 面对困难时，我会很冷静地寻求解决的方法。							
10. 我觉得自己活得很累。							
11. 我乐于承担困难和有挑战性的工作。							
12. 不顺心的时候，我容易垂头丧气。							
13. 身处逆境时，我会积极尝试不同的策略。							
14. 压力大的时候，我会吃不好、睡不香。							
15. 我积极地学习和工作，以实现自己的理想。							
16. 情况不确定时，我总是预期会有好的结果。							
17. 我正在为实现自己的目标而努力。							
18. 我总是看到事物好的一面。							
19. 我充满信心地追求自己的目标。							
20. 我觉得社会上好人还是占绝大多数。							
21. 对自己的学习和生活，我有一定的规划。							
22. 大多数的时候，我都是意气风发的。							
23. 我很清楚自己想要什么样的生活。							
24. 我觉得生活是美好的。							
25. 我也不知道自己的生活目标是什么。							
26. 我觉得前途充满希望。